服装高等教育"十二五"部委级规划教材
江苏省高等学校立项精品教材

一体化系列女装
设计·制板·工艺

陈 洁 主 编

范 君 周荣梅 管丽萍 李月丽 副主编

中国纺织出版社

内 容 提 要

　　本书是服装高等教育"十二五"部委级规划教材，江苏省立项精品教材。本书以六个工作过程为编写思路，通过一个完整的设计项目的工作过程为线索形成学习体系，融合了服装设计、服装制板、服装工艺等教学内容，以系列女装设计为核心，通过确定设计主题、款式设计、选择面辅料、结构设计与成衣制作等一整套项目式操作过程，将理论知识和典型案例贯穿其中，拓展和推广了系列女装技术的相关内容。

　　本书设计理念新颖，图片精美，案例丰富，实践性强，贴近企业实际，力求先进性和实用性相结合，对服装设计教学具有很好的指导作用，也可作为服装设计师及相关设计人员的参考读物。

图书在版编目（CIP）数据

　　一体化系列女装：设计　制板　工艺／陈洁主编
. --北京：中国纺织出版社，2015.9
　　服装高等教育"十二五"部委级规划教材
　　ISBN 978-7-5180-1666-2

　　Ⅰ．①一…　Ⅱ．①陈…　Ⅲ．①女服—高等学校—教材
Ⅳ．①TS941.717

　　中国版本图书馆CIP数据核字（2015）第117943号

策划编辑：金　昊　责任编辑：杨　勇　责任校对：寇晨晨
责任设计：何　建　责任印制：王艳丽

中国纺织出版社出版发行
地址：北京市朝阳区百子湾东里A407号楼　邮政编码：100124
销售电话：010—67004422　传真：010—87155801
http：//www.c-textilep.com
E-mail：faxing@c-textilep.com
中国纺织出版社天猫旗舰店
官方微博 http://weibo.com/2119887771
北京通天印刷有限责任公司印刷　各地新华书店经销
2015年9月第1版第1次印刷
开本：787×1092　1/16　印张：9
字数：110千字　定价：36.80元

出版者的话

《国家中长期教育改革和发展规划纲要》（简称《纲要》）中提出"要大力发展职业教育"。职业教育要"把提高质量作为要点。以服务为宗旨，以就业为导向，推进教育教学改革。实行工学结合、校企合作、顶岗实习的人才培养模式"。为全面贯彻落实《纲要》，中国纺织服装教育学会协同中国纺织出版社，认真组织制订"十二五"部委级教材规划，组织专家对各院校上报的"十二五"规划教材选题进行认真评选，力求使教材出版与教学改革和课程建设发展相适应，并对项目式教学模式的配套教材进行了探索，充分体现职业技能培养的特点。在教材的编写上重视实践和实训环节内容，使教材内容具有以下三个特点：

（1）围绕一个核心——育人目标。根据教育规律和课程设置特点，从培养学生学习兴趣和提高职业技能入手，教材内容围绕生产实际和教学需要展开，形式上力求突出重点，强调实践。附有课程设置指导，并于章首介绍本章知识点、重点、难点及专业技能，章后附形式多样的思考题等，提高教材的可读性，增加学生学习兴趣和自学能力。

（2）突出一个环节——实践环节。教材出版突出高职教育和应用性学科的特点，注重理论与生产实践的结合，有针对性地设置教材内容，增加实践、实验内容，并通过多媒体等形式，直观反映生产实践的最新成果。

（3）实现一个立体——开发立体化教材体系。充分利用现代教育技术手段，构建数字教育资源平台，开发教学课件、音像制品、素材库、试题库等多种立体化的配套教材，以直观的形式和丰富的表达充分展现教学内容。

教材出版是教育发展中的重要组成部分，为出版高质量的教材，出版社严格甄选作者，组织专家评审，并对出版全过程进行跟踪，及时了解教材编写进度、编写质量，力求做到作者权威、编辑专业、审读严格、精品出版。我们愿与院校一起，共同探讨、完善教材出版，不断推出精品教材，以适应我国职业教育的发展要求。

中国纺织出版社

教材出版中心

前言

　　本书综合了服装设计、服装制板以及服装制作工艺，并通过案例展示了系列女装从设计到成衣制作的全过程。我们根据近年来教学改革的发展并紧跟当前行业任务运作流程编写了这本项目教学的新教材，实现以学生为主体完成基本技能和单项技能的训练。

　　本教材使学生对服装设计——服装制板——服装工艺形成完整的印象，打破以往教材中各门课程自成体系、互不相关的现状，通过对设计、制板、工艺等基础知识的综合，使学生对理论知识有一个更好的、全面的认识。同时，通过对系列女装从任务书分析、面辅料搭配、结构、工艺一整套模拟企业产品开发的项目式操作过程，使学生了解服装企业的成衣操作流程，掌握不同种类女装变化款的纸样制作原理与方法，并能按照纸样和工艺要求缝制出成衣；通过项目的实例操作，使学生了解服装成衣化生产的内在规律，具备独立完成服装的款式解读、打样、制作"三位一体"的综合能力，并对服装企业的生产、开发有一个全面的认识，从而达到零距离上岗的目的。

　　本教材内容新颖、全面，实例丰富，注重艺术与技术的紧密结合；在加强实践环节上，强调动手能力和理论联系实际能力的培养。学生在学习过程中，可以参考书中的实例进行项目实施。

　　本教材由陈洁主编，盐城工业职业技术学院服装设计教学团队编写组共同完成。其中过程一至过程三由范君老师编著，过程四由周荣梅、陈玉红老师编著，过程五由管丽萍老师编著，过程六由李月丽老师编著，图片技术处理彭光荣老师。在此感谢盐城市唯洛伊服饰有限公司、江苏亨威实业集团提供项目与案例支持，感谢工作单位盐城工业职业技术学院对科研、教学工作的重视，感谢服装设计专业师生提供的服装设计效果图及成衣工艺制作过程，感谢穿针引线、POP-FASHION等网站提供资料的搜集与分享。

　　由于编者水平有限，时间仓促，资料有限，书中疏漏之处在所难免，热诚希望各位同仁与专家批评指正。

编者

2014年12月

教学内容及课时安排

章/课时	课程性质/课时	节	课程内容
过程一 （2课时）	理论（2课时）		· 系列女装项目简介
		一	系列设计概述
		二	项目简介
过程二 （10课时）	理论（2课时） 与实践（8课时）		· 系列女装市场调研
		一	调研概述
		二	调研的形式
		三	调研的内容
		四	调研报告的内容
		五	调研报告的格式
		六	调研案例
过程三 （10课时）	理论（2课时） 与实践（8课时）		· 系列女装主题方案
		一	主题的确定
		二	色彩的确定
		三	面、辅料的确定
		四	风格的确定
		五	制定主题板
过程四 （24课时）	理论（6课时） 与实践（18课时）		· 系列女装设计方法
		一	系列女装设计构思
		二	系列女装设计方法
		三	系列女装款式设计拓展图
		四	系列女装设计效果图
过程五 （14课时）	理论（4课时） 与实践（10课时）		· 系列女装制板
		一	女装制板基础
		二	女装制板方法
		三	系列女装制板案例
过程六 （60课时）	理论（8课时） 与实践（52课时）		· 系列女装制作工艺
		一	女装制作工艺基础
		二	系列女装制作工艺

注 　各院校可根据自身的教学特点和教学计划对课程时数进行调整。

目录

理论——

系列女装项目简介

过程内容： 1．系列设计概述

　　　　　　 2．项目简介

过程课时： 2课时

教学目的： 1．能够掌握女装技术项目的课程内容。

　　　　　　 2．能够掌握女装市场的整体情况。

　　　　　　 3．了解女装当前的流行趋势及女装产品相关的信息资讯。

　　　　　　 4．掌握女装的基本知识内容。

　　　　　　 5．培养学生理论联系实际的能力。

　　　　　　 6．培养学生敏锐的洞察力。

　　　　　　 7．培养学生的自学能力。

　　　　　　 8．资料整合和分析能力。

教学方式： 讲授、案例、引导启发、小组讨论、多媒体演示。

教学要求： 1．以讲授为主，通过案例讲解，引导自主学习。

　　　　　　 2．下达任务书，明确任务。

　　　　　　 3．制订工作计划，分组讨论，方案初稿。

课前准备： 1．能通过多种媒介获取相关资料。

　　　　　　 2．对于任务先进行创意拓展。

过程一　系列女装项目简介

第一节　系列设计概述

　　什么是系列设计？就字面而言，它是由"系列"与"设计"两个词组合而成，其中"设计"是中心词、"系列"是它的限制词。系列设计是指在一组产品中的色彩、款式、风格、面料、工艺等元素中至少有一种共同的元素，这个共同元素就是系列设计的核心设计点，系列设计规范了设计思维，使一个设计点可以扩大、延伸至一组产品，使该组产品既多样化又统一和谐。

　　随着人们认识能力和技术手段的迅猛发展，用系统的眼光、系统的思维来系统化地设计产品表现出很大的优越性，使系列思维设计近年来得到迅速的发展，并在现代设计中占有重要的地位。

　　生活需要系列设计。系列设计服务于生活，系列化产品能美化生活，系列化产品的情趣将创造全新的生活观念和生活方式。

　　优秀的设计作品是各设计要素共同配合衬托的结果，优秀的系列作品更要选择这些要素，并且把单品服装的造型元素展开为系列化构思的设计过程。设计已不再是孤立地考虑一个单独形的构成，而是设计出服装与人的着装状态、服装与整个环境的状态以及系列中服装与服装之间、服装与饰品之间各种形与色的延伸与组合，展现出系列产品或系列作品的时尚和风貌，如图1-1～图1-3所示的学生设计作品。

盐语

设计理念：灵感来源于盐，以素净白色，晶莹光束，棱角肌理，立体结构彰显女性坚强自信，高雅时尚之美

图1-1　《盐语》设计者：侯炎

生如夏花

本系列以栀子花为源，服装肌理采用栀子花两次设计，呈现出春夏时节柔和而富有活力的景象，优雅沉静中又不失律动，给人以清新自然之感，内敛而不张扬。当微风轻轻滑过，扬起的衣摆如枝头栀子的柔姿，恍若一幅午后静谧的栀子图

图1-2　《生如夏花》设计者：宋约莉

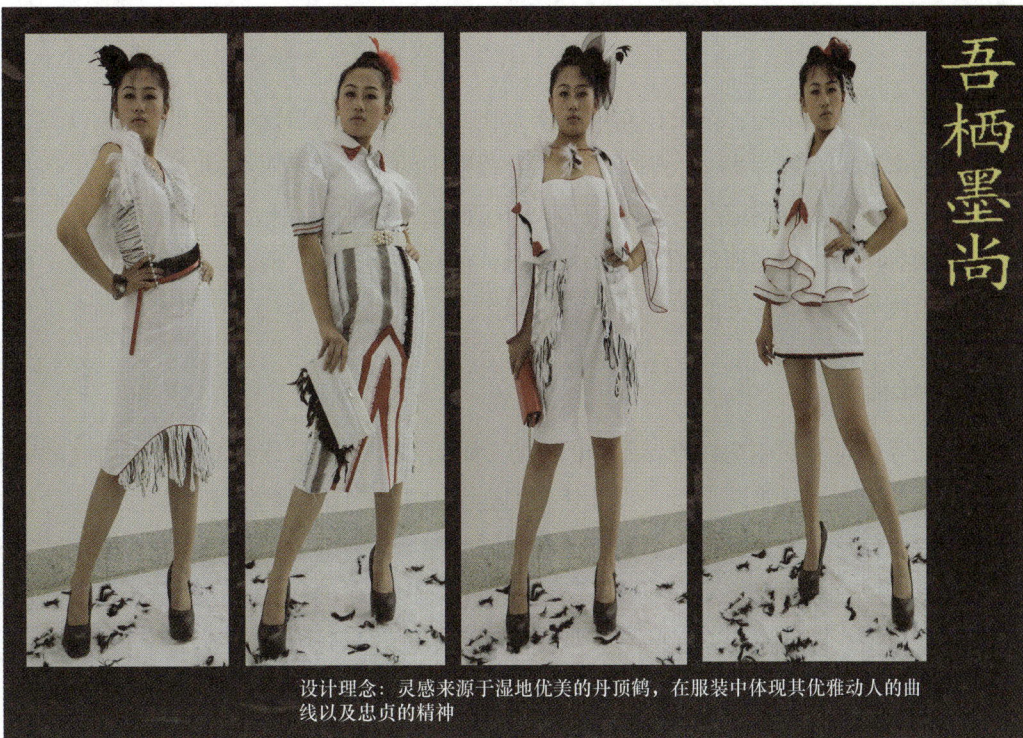

吾栖墨尚

设计理念：灵感来源于湿地优美的丹顶鹤，在服装中体现其优雅动人的曲线以及忠贞的精神

图1-3　《吾栖墨尚》设计者：马文

第二节 项目简介

一、项目实践

一个项目是一件连续性的工作，一般持续2～6周，包含调查研究和实践技巧。项目的主题、任务、目标都在一份项目计划中规定清楚。作为系列女装设计项目的入门，首先确定项目计划书，提出项目主题并与你讨论需要做什么。项目计划书会明确设计的内容，也会告诉你的目标市场是什么，以及最后的评估者也就是消费者，并明示出该系列女装的标准、完成时间等。

进行项目实践的主要目的是为了培养对一组特定的任务需求的创造性反应能力。它常常是对不同市场类型的时装设计师职责的要求。项目实践是一个锻炼技能的机会，这些技能是离开校园走上工作岗位必需的。

二、品牌产品开发任务

项目课程的内容以某一品牌服装产品的项目进行设置。如唯洛伊（VILUEE）品牌源自中国江苏，创始于2001年（原名春江花月），距今已有14年的历史，有一定的顾客群，于2011年注册了时尚女装品牌唯洛伊，主要生产经营时装、羽绒服、大衣、皮草等女性服饰，有实体店和淘宝网店。以中高档时尚女装和高级定制为主要诉求，服务于都市白领等成功女性。

唯洛伊品牌女装定位：全方位路线、多元化款式、白领阶层。唯洛伊文化：以观念为元、以人为本、以实践为根、以坚持为深，孜孜以求的不仅仅是时装品位，更是生活与人生的品位，共同谆谆传递着真、善、美的文化理念；本着将心比心，相辅相成的团队观念；秉承物有所值、物超所值的诚信经营理念；创建一个有望、有信、有爱的企业。校企双方在技术服务、就业等方面一直有良好的合作。

三、设计任务书

设计任务书是一切创造性设计工作的起点，而设计工作通常来说是一个有时间限制而又持续展开的工作。从本质上看，设计任务书会激发出设计人员的灵感和创意，并能够大致勾画出它所要达到的目标。它会列出所有限制的因素、有利的条件或者存在的问题，同时也会给出所要完成的最终成品或任务的具体信息。因此，设计任务书的主要目的是对设计人员有所帮助，同时更为重要的是，对整个项目的进程起到引导作用。

1. 设计任务书的类型

（1）个人设计任务书：在任务讨论中由主管人员指定并且要求个人单独完成，其目的在于使设计师掌握系列项目设计的操作流程，达到任务书中有关创造性的要求，而且还要达到任务书中明确规定的评价标准。

（2）竞赛设计任务书：通常是为了参与由一个公司或者社会组织用以推广产品或者品牌而举办的设计比赛，这种比赛也会对行业内的设计新人起到鼓励作用。这种与企业结合的做法将会达到宣传以及促销等目的。

（3）团队设计任务书：要求在一个设计团队中开展工作，共同完成一个项目，每个人都会被指派去完成具体的设计任务，其最终目的是获得一个既连贯又有内在联系的系列设计。

（4）商业设计任务书：根据市场和客户需求有着非常明确的目的和目标，要考虑市场、季节性、服装类型、成本以及穿着场合这些因素中的部分或全部。真正衡量作为一名设计师所具有创造力的标准是：为了获得客户的认可，既紧密贴近设计要求，又遵循任务书的限定，并且最终能够达成令人兴奋和有所创新的设计。

2. 案例

基于某一品牌服装产品定位，以2015年春夏季白领女性着装为设计目的，结合当季流行趋势和固定客户人群的消费需求进行系列设计，操作过程：

（1）进行市场调研，撰写调研报告。

（2）寻找主题，确认色系与面料，制作主题板。

（3）确定设计方案，绘制基本款并拓展基本款（裙子、裤子、上装各两款）。

（4）基本款搭配（1~2套），确认设计最终款（4~6套）。

（5）购买面料、设计款制板。

（6）样衣工艺缝制。

（7）样衣试穿，工艺修改。

四、确定项目小组及目标规划

品牌引领、任务导向是新型教学模式，以工作任务为中心，针对市场对人才需求的变化及人才培养目标提出在完成工作任务的过程中要以团队协作为实践特点，在项目实施前，要确定项目开发小组。团队的创造能力、交流沟通能力、团队协作能力和良好的职业道德，是项目产品顺利开发的保障。

小组成员的组合搭配要根据自身的特长，由3~5人组成。每个成员明确自己的任务与责任，将设计任务分解量化，找出开发中的难点，相互进行协作，落实任务、人员、资源等。

根据设计任务书对环境和资料的分析与研究，确定开发小组和进度安排。开发小组要根据设计任务书对新产品的开发与主题设计进行确定，能够根据产品设计进行服装结构变化的制板与样衣制作。

不同的主题所要训练的目标的侧重点不同，但从广义上说，评估的共同标准包括下述能力：

（1）以创造性的、独立的和恰当的方式进行研究并应用的能力。

（2）分析并解决设计问题及其过程中的沟通能力。

（3）解决设计问题时富有创造性、严谨性。

（4）在探索技巧、材料、图案和色彩方面的技能、想象力和原创力。

（5）在选择设计方向上的综合构思能力。

（6）对行业/专业角色和方法论的领会和理解。

（7）独立工作及团队合作的能力。

（8）良好的工作实践和视觉、语言和书面表达的能力。

（9）管理时间、自我指导、自我评价的能力。

（10）充分体现创造能力和天资潜能。

思考与练习

1. 课后根据自身专长组成设计团队，进行设计任务书的策划练习。

2. 查阅系列女装相关资料，结合设计任务书，策划团队项目。

系列女装市场调研

过程内容： 1. 调研概述

2. 调研的形式

3. 调研的内容

4. 调研报告的内容

5. 调研报告的格式

6. 调研案例

过程课时： 10课时

教学目的： 1. 熟悉女装调研方式及女装具体调研操作的细节内容。

2. 能够掌握品牌服装市场的整体情况，相关实践性的问题。

3. 了解女装当前的流行趋势，女装产品相关的信息资讯。

4. 掌握女装项目任务过程，能撰写完整的市场调研报告。

5. 培养学生搜集资料、解读流行信息的能力。

6. 资料整合和分析能力。

7. 培养学生的自学能力。

教学方式： 讲授、案例、引导启发、小组讨论、多媒体演示。

教学要求： 1. 以讲授为主，通过案例讲解，引导自主学习。

2. 明确任务，女装的调研内容、过程及方法。

3. 制订工作计划，分组讨论，调研报告草稿。

课前准备： 1. 确定即将调研的品牌。

2. 通过各种方式搜集相关信息。

过程二 系列女装市场调研

第一节 调研概述

《牛津英文大词典》："针对素材和资料来源所进行的系统化的调查研究，其目的在于建立起事实基础并得出新的结论。"

成功的设计，是把市场调研作为设计过程的一个重要环节。新产品的开发与市场调研是密不可分的，可以说是在充分的市场调研的基础上进行的。通过市场调研，能够发现当前流行的风尚或者样式，时装设计师将在他们的作品中表达出这种时代精神，即为时尚。时尚不断地发生变化，而且在每一季中人们都会寄希望于设计师能对时尚轮回进行重新改造。由于这种追求新奇感的持续压力，设计师不得不对新的灵感及其在系列设计中的诠释方式进行更深层次的挖掘和探寻。

女装的有关资料和最新信息是每一位设计师需要研究和掌握的背景素材，为当前的女装设计提供理论依据。资料是指有关传媒记录的资科，资料分为文字资料和直观形象资料两种形式。文字资料包括美学、艺术理论、中外服装史、相关文章等；直观形象资料包括各种专业杂志、画报、录像、幻灯、照片及有关影视服装资料等（图2-1）。可以说资料是侧重于已经过去的、历史性的素材，在搜集资料时应尽可能多地查阅相关文字资料和直观形象资料，这样可以开拓思路，做到设计的新颖，特别是比赛设计作品，如果资料研究不充分会造成类似、相同或过时的遗憾。

女装的信息是指相关国际和国内最新的流行导向与趋势。信息也分为文字信息和形象信息两种形式。信息是最新的、前瞻性的、预测性的，对于信息的掌握不只限于专业的和单方面的，而是多角度的、多方位的，与服装有关的信息都应有所涉及，如最新科技成果、最新纺织材料（图2-2）、最新文化动态、最新艺术思潮（图2-3）、最新流行色彩、最新流行纱线、最新流行款式等。

调研指的是调查研究，是从过去的事物中学到新东西的过程。在新产品开发之前，第一步必须进行的是对目标市场的了解、分析和研究。阅读市场调研报告的人，一般都是比较繁忙的企业经营者或有关机构负责人，因此，撰写市场调研报告时，要力求条理清楚、言简意赅、易读好懂。

图2-1　专业杂志、画报

图2-2　最新纺织材料

图2-3　最新艺术思潮

第二节　调研的形式

　　对各种不同层次的女装销售点进行调研，如购物广场、购物中心、百货公司、女装专卖店、批发市场等，通过以上女装销售点来调研女装的特点及销售状况。对有关女装市场的卖方人员、买方人员和街头市民等进行调查。卖方人员有商场的总经理、销售部经理、女装柜台领班及售货员等，买方人员主要是消费者，重点调查有代表性的消费者。调查街头市民主要指对街头市民的着装进行观察，从实际的着装开始，评价哪些是合理的，哪些是流行的，哪些是独特的、漂亮的以及形态、素材、配色、饰物的使用效果等（图2-4），从这些细部观察或感觉市场的需求与创造的空间。

　　女装调研内容主要包括女装的档次、价格、销售情况、消费者对产品接受程度和认可程度，以及将本地区的女装市场中同类女装与国际、国内其他地区的女装市场的同类服装相比较、本季的同类女装与往季的同类女装相比较等。这种横向和纵向的比较有利于帮助我们了解女装市场的主导趋势和女装在不同市场的共性特征，更好地着手设计。采集系列设计所需的真实有形的和可实践操作的素材如面料、边饰、纽扣等，如图2-5搜集的系列设计所需的形象化的灵感素材。

图2-4　调研素材

图2-5　搜集灵感素材

第三节　调研的内容

调研的信息在调查、研究和记录的基础上提炼出来，可以激发灵感，也会为项目的系列女装设计提供不同的组成部分。在女装中的调研内容主要从以下几个方面进行。

一、文化背景

文化可以影响所有的一切，在项目工作过程中，这里的文化不只是国家的文化，还有品牌企业的文化背景，设计师需要从中获得灵感，作为系列设计的故事情节。

二、色彩

色彩在调研过程中为首要的、必不可缺的。色彩是设计作品最引人关注的首要因素，并且左右着系列设计的感知程度。对于设计师来说，色彩是系列设计的起点，针对色彩所采集的调研资料应该是流行的、丰富的、合理搭配的。

三、造型与结构

造型是调研和最终设计的核心要素，在服装中的造型与结构直接展现了服装的廓型，为支撑造型，考虑结构问题预计构成原理，都是至关重要的。调研中造型与结构的信息搜集是重中之重。

四、面料与肌理

面料与肌理能够唤起我们的触觉，不同的肌理呈现的视觉刺激也是设计师的深刻体验。调研中面料以及肌理的质地和整体效果会带给设计师更多的灵感和创意，并且根据信息的搜集可以为面料二次设计赋予新灵感，服装的风格和造型随之得以确定。

五、细节

细节可以引起足够的吸引力使消费者购买，一套服装即使拥有出众的廓型和完美的线条，但是缺少细节，那么就缺少了设计感和专业性。细节的巧妙设计可以成为构成系列设计的个性化标示，所以调研中不能缺少细节的信息搜集。

第四节　调研报告的内容

经过调研后，在整理调研信息的同时，大量的信息要以调研报告的形式归纳总结出来，其内容为：

（1）说明调查目的及要解决的问题。

（2）介绍市场背景资料。

（3）分析的方法，如样本的抽取，资料的收集、整理、分析技术等。

（4）调研数据及其分析。

（5）提出论点。

（6）论证所提观点的基本理由。

（7）提出解决问题可供选择的建议、方案和步骤。

（8）预测可能遇到的风险及相应的对策。

第五节 调研报告的格式

市场调研报告由标题、目录、概述、正文、结论与建议、附件等组成。

（1）标题：标题和报告日期、委托方、调查方，一般应打印在扉页上。

（2）目录：如果调查报告的内容、页数较多，为了方便读者阅读，应当使用目录或索引形式列出报告的主要章节和附录，并注明标题、有关章节号码及页码，一般来说，目录的篇幅不宜超过一页。

（3）概述：主要阐述基本情况，按照市场调研的顺序将问题展开，并阐述对调查的原始资料进行选择、评价、做出结论、提出建议的原则等。主要有调查目的、调查对象、调查内容以及调查研究方法。

（4）正文：调查分析报告的主题部分。准确阐明全部的论据，包括问题的提出到引出的结论，论证的全部过程，分析研究问题的方法，还应当有可供市场活动的决策者进行独立思考的全部调查结果和必要的市场信息，以及对这些情况和内容的分析评论。

（5）结论与建议：撰写综合分析报告的主要目的。

（6）附件：调查报告正文包含不了或没有提及，但与正文有关，必须附加说明的部分。

第六节 调研案例

（1）调研时间：2014年9月23号。

（2）调研地点：唯洛伊服饰专卖店、金鹰购物中心及书店。

（3）调研方法：图书馆、网络、周边调研，市场采集。

（4）调研目的：进一步了解品牌及流行趋势。

（5）品牌简介：唯洛伊品牌主要生产经营时装、羽绒服、大衣、皮草等女性服饰（图2-6），以中高档时尚女装和高级定制女装为主要诉求，服务于都市白领等成功女性。

（6）品牌定位：唯洛伊的定位是时尚化休闲装，是适合约会、休闲、游玩、工作等各种场合进行穿着的服装，面向25～35岁女性的职业休闲装。经典中渗透最新的时尚感觉。简洁的款式突出优雅的女人味。为成熟的女性带来职业休闲装的新概念，让她们上班和休闲场合都能感觉到自信和美丽，能够给人一种成熟、干练的感觉，大多都市女性乐于接受，与一些配饰搭配起来会更加增添气质。唯洛伊服饰具有都市的独立、自由、追求时尚和特有系列的追求，且唯洛伊产品的价格始终定位在"让白领工薪阶层买得起"的价位

图2-6　唯洛伊专卖店

上，加之特色的卖场文化、温馨的销售服务，能够让客户获得超值的购物体验。

（7）品牌风格：独有的都市风格，赢得众多女性的青睐。设计风格浪漫、丰富、自然色系与色彩沉稳、雅致，不盲从流行但始终时尚。全情演绎与自然相融的理念款式设计，强调单品之间丰富、随意的可搭配性。为穿着群体提供专业的系列服饰搭配概念的同时，更为她们留下服饰搭配的再创空间，追求时尚且不流于大众，彰显个性却不特立独行，风格简约但不失大气，富有文化品位却不显清高（图2-7）。

（8）品牌个性：独立、性感、自信、成熟、时尚。

（9）品牌形象：款式丰富、色彩醒目。

（10）面料：唯洛伊品牌多采用个性鲜明，色彩多样的材质，多采用不同肌理、不同风格的纯天然面料，如棉、麻、毛、丝等材质，穿着更加舒适，对面料的独特运用是唯洛伊打开市场的快捷方式。

（11）色彩的流行：2015年春夏生动表现出的高雅金属色，形成独特的风景，是女装的色彩趋势，创造出迷人色彩的绚丽意境。预测主题为混合金属、绿色场景、地下图形，就在2015春夏女装色彩里。来自自然和有机世界的各种形式的美，堪称浪漫花卉中的节奏流模式，如此接近大自然，浑然一体，使得"春夏"的主题如此流行，令人珍视。稍显缓和的颜色，但很漂亮，带着梦幻的感觉和暧昧的气氛，颇有几分新艺术风格和设计的味道。流行上冷色系仍是设计师最常用的颜色，在2015春夏季显得极为重要，不同层次鲜艳

图2-7　都市风格、简约雅致

的撞色贴近自然，也是设计师用色最多的色彩设计方向；在色彩的运用中会呈现高级灰、海蓝色、玫红色、橙色等（图2-8），在设计中引导消费趋势，在春夏季成为一种风尚。

图2-8　流行趋势

（12）总结：浪漫、自然的都市风格，诠释了自然、健康、完美的生活方式，是唯洛伊之所以能赢得众多女性青睐的原因。其色系与色彩多用经典的高级灰与亮色的搭配，沉稳、雅致不盲从流行。而材质多用不同肌理、风格的纯天然面料，全情演绎与自然相融的理念，款式设计强调单品之间丰富、随意的可搭配性，为穿着群体提供了专业的服饰搭配，更为她们留下自我服饰搭配的再创空间。

（13）2015年流行预测：根据调研可以看出，唯洛伊仍然以高级灰色系为主，略带了一些纯色且配饰较多，款式中设计手法多样，廓型饱满。因此，预测2015年的流行趋势有所改变的是：以原始梦幻的花语唤起神秘的过往，诠释古老隐喻的干净力量。平静的浅色调，清新自然的节奏对比着压抑性的泥灰色调是品牌的主打潮流。利用精致短小的外衣设计，简洁的毛毡面料应用在朴素实用的经典款式上，复古而不寻常的裁剪艺术碰撞出了精彩的服饰。自然材质与超大廓型裁剪的混搭，通过立体肌理原始粗犷的处理手法表达着原始诱惑，让粉红色调充斥着阳刚气息。同时透露着丝丝的粉红的静谧。颜色方面依旧沿用高级灰，但是色彩的亮度会有大面积增加，如粉色与玫红色，大面积的采用灰色和粉色搭配调和，款式方面会继续出现一些带拼贴的服装，面料依然是采用主体性的肌理再造，配饰也会有所增加。

思考与练习

1. 确定本团队系列女装设计的品牌，进行品牌信息的搜集，定位自身工作。
2. 以团队形式进行市场调研，并撰写调研报告。

系列女装主题方案

过程内容： 1. 主题的确定

2. 色彩的确定

3. 面、辅料的确定

4. 风格的确定

5. 制定主题板

过程课时： 10课时

教学目的： 1. 能获取准确的市场信息及数据。

2. 能够把调研知识应用到小组设计方案中。

3. 小组产品的灵感来源、主题方案策划，能够设计并制作主题板。

4. 培养学生创新设计思维的能力。

5. 培养学生与服装专业相关的绘画能力。

6. 培养学生的团队合作能力。

教学方式： 讲授、实践、案例、引导启发、小组讨论、多媒体演示。

教学要求： 1. 以讲授为主，通过案例讲解，引导自主学习。

2. 明确任务，深入设计主题，从各个元素确定整体构思。

3. 分组讨论，主题板制作与幻灯片演示，互动教学。

课前准备： 1. 根据各组情况讨论、分析制作过程的合理性和可行性。

2. 通过各种方式搜集相关信息。

3. 以小组为单位对制作过程进行修订完善。

过程三 系列女装主题方案

第一节 主题的确定

设计理念是设计的着眼点，它是品牌理念的具体落实，设计主题是设计理念的实施，它为设计提出了清晰的目标，它是产品特色和个性的保障。常用贴切的文字给即将面世的产品一个合乎逻辑的、具有诱惑力的说法，用一个形象化的故事或倡导的生活方式作为形象推广的统一标准和品牌运作人员的行动准则，文字精练形象，具有一定的感染力。

产品开发都会有一个明确的主题，所有设计方案都要围绕这个主题进行，在一个主题下也可以有数个分主题，也就是系列主题。系列主题确定可以采用文字形式或者图片形式，主题的确定对设计开展是非常重要的，是组织、开展和完善设计的主要依据，主题的确定能使设计风格统一，产品的指向性强。主题的确定是从市场需求变化、品牌风格、流行趋势等多方面因素来进行综合考虑。

根据对各种信息的分析，选择1~2个与该品牌形象或与设计师的构思最接近、最适合表达该品牌理念的主题来形成下个季度新的设计主题。主题必须有时代感。主题必须是在充分调查消费者的需求和欲望的基础上进行设定的。

第二节 色彩的确定

一、色彩构思原则

色彩的构思过程要以色彩概念、品牌风格为指导方向，还要遵循色彩构成的原则。色彩构思过程在项目的新产品开发中，要注重各产品之间的色彩关系，注重整体色彩的布局与搭配，注重色彩组织中色彩的协调、比例、节奏、呼应、秩序等相互之间的关系，它们之间的相互关系所形成的美的配色，必须依据形式美的基本规律和法则，使多样变化的色彩，构成统一和谐的色彩整体。

1. 色彩的协调

事物中几个构成要素之间在质和量上均保持一种秩序和统一关系，这种状态称之为协调。在服装设计中整体色彩的协调主要是指各构成色彩要素组织之间在形态上的统一和排列组合上的秩序感。服装是立体的造型，其美感体现在各个角度和各个层面。因此，在服装的色彩要素上如果缺乏一定的秩序感和统一性，就会影响应有的审美价值（图3-1）。

2. 色彩的比例

在服装色彩的配置中，其整体色彩在面积和数列上的对比与调和程度的比例关系（图3-2）。

图3-1　色彩的协调

图3-2　色彩的比例

整体色彩与局部色彩之间，局部色彩与局部色彩之间，在位置、排列、组合等方面的比例关系；服装色彩与服饰配件色彩之间的比例关系等，都是应该着重考虑的，否则，就会影响服装造型的整体美感。

（1）色彩本身明暗程度与调和程度的比例关系。

（2）与色彩有关的整体与局部、局部与局部之间的不同搭配方式、不同的面积比例、数量关系、色彩位置、色彩排列顺序等的比例关系。

3. 色彩的强调

色彩的强调是指同一性质的色彩加入了适当的不同性质的形色，进行的强调作用。视觉上感觉到的突出某部分色彩，强调了色调中的某个部分，弥补了整个色彩的单调感，使整体色调产生重点表现。色彩的强调可以吸引视觉的注意力，形成注意中心，感受到色彩之间的相互关系，保持色彩平衡，增加活力并且起到调和作用（图3-3）。

（1）强调色应该选用与整体色调相对比的调和色，达到既对立又统一的目的。

（2）强调色的应用面积要适度。较小容易被包围色同化，不能提高吸引力与注意力；较大，容易破坏整体统一感，不能起到强调作用。

4. 色彩的节奏

节奏主要是表现音乐、舞蹈、体育等时间性艺术现象，故将此称之为时间性的节奏。形式美给予人们形象的直觉，这种直觉主要体现为节奏，它能唤起人们的情感共鸣。生活中的诸多有规律的运动形式都可以构成节奏。色彩的节奏是通过色彩的色相、明度、纯度、形状、位置、材料等方面的变化和反复，表现出有一定规律性、秩序性和方向性的运动感。色彩强弱、明暗的层次和反复、科学的运用会使服装产生一定的节奏和韵律感（图3-4）。

图3-3　色彩的强调　　　　　　　　　　　　　　　图3-4　色彩的节奏

5. 色彩的呼应

呼应是色彩获得统一、协调的常用方法。配色时，色彩需要在同一或者同类之间相互呼应和相互联系，也就是指一个或几个颜色在不同位置的重复出现，是取得调和的重要手段，在系列产品中求得色彩的全面和谐，照顾色彩之间的比较与呼应关系（图3-5）。

图3-5 色彩的呼应

二、影响服装色彩的因素

1. 市场因素

推出服装，要被消费群体认可，带来一定的社会价值和经济价值，并起到引导消费者的作用，服装色彩比绘画色彩具有更强的实用性、商业性。

因此，服装色彩的设计要树立市场经营的指导思想，立足消费市场与用户，具体来说要有以下几个观念：

（1）为消费者而设计的观念。

（2）品质第一的观念。

（3）增强以服装色彩进行竞争的观念。

（4）求变的观念。

（5）经济效益的观念。

2. 心理因素

由于社会、风俗、民族、市场的影响而存在服装色彩的共性因素，同时，服装色彩心理的个性因素也是普遍存在的。

在现代生活中，人们要求以自己喜爱的色彩来展示其个性风采，因此，当代服装在色彩设计方面呈现出了丰富多彩的面貌。人们的个性因素对服装色彩的影响是巨大的，大致有以下几个方面：

（1）人们的着装动机即穿衣目的直接影响到对服装色彩的选择。

（2）生活方式和经济能力决定着装者对服色的喜爱以及对流行时尚的态度。

（3）人们多样的兴趣和个性特点给服装色彩的选择带来了多变性。

（4）人的情绪、心态影响对服装色彩的选择。

3. 材质因素

服装的色彩是通过印、染、织等工艺手段附着在构成服装的材质上得以表现，因此，充分了解各种色彩在不同服装材质上所表现的效果，预想色彩与各种质地肌理结合后能否达到预期的设计意图，是选择色彩不可忽视的因素。

三、主题色彩确定的方法

色彩由主题来决定，并且一定要与所选择的主题相吻合。在保持品牌服装基本色调的同时，应恰如其分地使用流行色，可以把色彩分为使用频繁的基本色和使用较少的点缀色两大类。

1. 调研当季服装色彩，预测色彩流行趋势

（1）畅销色。

（2）常规色。

2. 产品色彩确定

（1）和上一季节色彩的衔接关系。

（2）和其他色组的联系。

（3）和流行色的同步。

第三节　面、辅料的确定

面料是表达设计理念、主题的关键素材，对于设计师而言，了解面料的特性与品质都是十分基础和重要的。面料的选择是决定整个设计成败的至关重要的因素，选择与设计主题相符的面料，分为几组，在以后的工作中与系列产品搭配。先根据主题的需要，设计或者挑选出适合的面、辅料以及配饰（图3-6）。

在选择的过程中，要充分考虑到各种不同手感、组织风格的合理、有效搭配和组合，这些不仅有利于保证产品设计、开发和生产的延续性，对体现出季节性设计手法的节奏感，拓展款式设计的创造空间也是非常有利的（图3-7）。首先，面料的质地和手感将会影响服装的廓型，它决定了服装的造型感和悬垂度；其次，面料之所以被选用是因为它具有与其功能相适应的外观特征；最后，面料的选用还必须要考虑其本身的审美特性，也就

图3-6　挑选适合搭配的面、辅料

图3-7　面、辅料的合理搭配，延续系列女装设计

是说尽量选用那些我们可以看到和感觉到的色彩、图案或质地。

一、面料的质地

1. 天然纤维

天然纤维来源于有机原料。它们可以分为植物原料（由纤维素组成）和动物原料（由蛋白质组成）（图3-8）。

（1）纤维素纤维：纤维素是由碳水化合物组成，并且是构成植物细胞壁的主要成分。它可以从不同种类的植物中提取，用以制成适于纺织生产的纤维。这里要关注那些最适于服装生产的面料，它们必须足够柔软、可穿着，经过穿着或洗涤不易破损。

（2）蛋白质纤维：蛋白质对于所有生命体的细胞结构和功能来说都是必不可少的。蛋白质纤维的"角蛋白"纤维来自于毛发纤维，而且是在纺织生产中使用最普遍的蛋白质纤维。

图3-8　天然纤维

2. 化学纤维

化学纤维来自于纤维素纤维和非纤维素纤维。纤维素是从植物中，尤其是从树木中提取的。像人造丝、天丝、醋酯纤维和环保型纤维素纤维等化学纤维都是纤维素纤维，因为它们都含有天然的纤维素。除此之外的其他所有化学纤维都是非纤维素纤维，它们完全是由化学制品制成的。

20世纪，化学工业的迅猛发展使得材料生产发生巨大的变革。以前主要用于纺织品后整理技术中的化学制品，现在可以用来从天然原料中提取纤维素进而制成新的纤维。

3. 合成纤维

在第一次世界大战之前，德国一直是世界化学工业的中心。第一次世界大战之后，美国夺得化学工业的霸主地位，并且开发出他们自己的专利产品。杜邦就是当时开发面料的大型化学公司之一。1934年，杜邦能够生产长聚合链分子，是第一个制成聚合锦纶的公司，这是合成面料开发的开端。

二、面料的组织结构

1. 机织面料

一块机织面料是由沿着面料长度方向的经纱和横跨布幅宽度的纬纱共同织造而成的。经纱和纬纱通常也被称为"织物纹理"，经纱在织造前就已经被拉伸放置在织机上，这样，在面料的横向上就可以给出设定的宽度。通常在裁剪服装时，总是将服装主要的分割线平行于面料的经纱方向来裁制，这将有助于控制服装结构（图3-9）。斜裁是指与经纱和纬纱呈一定角度，如45°的裁剪，服装可以沿着斜丝缕的方向裁剪，通过这样的面料裁制可以给服装带来一种独具特色的悬垂外观和一定的弹性。

2. 针织面料

针织面料是由一根纱线织成线圈并相互串套而成的。它可以沿着经向或纬向织造，这使得针织面料具有一定的拉伸性能。横向的组合被称为"线圈纵行"。纬编是指沿着线圈的横列的方向将一根纱线形成线圈并相互串套而成，如果漏掉一针，针织物就会沿着纵行的长度方向形成像梯子一样的浮线。经编则更像梭织，其结构更复杂而且更不易脱线（图3-10）。

图3-9 梭织面料

图3-10 针织面料

3. 非织造面料

与机织面料不同，非织造面料是通过加热、摩擦或者化学方法将纤维压制在一起而形成的，如毛毡、橡胶皮等高科技面料。一些非织造面料是将纤维缠结在一起，形成像纸一样的面料。也可以在表面涂上涂层，使其防裂、防水、可回收再利用和机洗（图3-11）。

非织造面料不一定都是化纤的，如皮革和毛皮也可以被看作是天然的非织造面料。

4. 其他面料

一些面料从结构上来看，既不属于梭织面料、针织面料，也不属于非织造面料，如流苏、花边、钩花和蕾丝。

流苏花边是将纱线以装饰或编结的手法构成的，给面料一种"手工制成"的外观（图3-12）。钩花线迹则是使用钩针从前一个链状线圈中拉拽一个或多个线圈形成的。钩花这种结构可以构成具有图案的面料，与针织不同，它完全是由线圈组成的，而且只有当线头末端从最后的线圈中拉出来才能确保整个钩花完成。蕾丝制作技术可以制成轻薄的、具有通透孔洞结构的面料。蕾丝中整个图案纹样的凹形孔洞和凸形图案一样重要。

图3-11　非织造面料　　　　图3-12　其他面料

三、面料的表面处理

面料需要通过添加或者改变等方法来获得各种不同的表面处理效果，其常用工艺包括印花、装饰、染色和面料后整理等。

1. 印花

不同的图案、色彩和纹理都可以通过不同的方法印制在面料上，如丝网印花、手工模板印花、滚筒印花、单色印花、手绘或者数码印花。

（1）染料和助剂：为了印上色彩，就要在染料中加入油溶性的或水溶性的增稠剂，它可以防止印花时染料的渗化。油溶性的油墨，会使色彩显得更灰暗、更厚重，并停留在面料的表面。这类染料有一系列可供选择的色彩，包括珍珠色、金属色或者荧光色。用水溶性的油墨印花手感更好，因为经过印花和固色之后，面料在洗涤时其上的增稠剂会被洗掉。

（2）印花和设计：图案可以以重复印制的方式应用于一定幅长的面料上，也可以应用于成品服装的特定位置。图案并不一定只能放在服装的正面或者背面。当印染图案被置于身体的周围时，会形成十分有趣的效果而影响着其他设计元素，如线迹的位置。通过这种方法，印花可以与服装结构融为一体（图3-13）。

2. 装饰

另一种在面料表面添加有趣设计点的方法是装饰而不是印花，这将会给面料带来比印花更立体和更具装饰性的外观效果。装饰工艺包括有刺绣、珠绣、贴绣、剪裁等。

（1）刺绣：刺绣作为面料表面的一种装饰手法可以改善面料的外观效果。当代刺绣是以传统刺绣的工艺技术为基础。手工刺绣是其基础，而且，一旦了解基本规律，就可以进行大规模的刺绣布局和设计。在基础针法上还有很大空间开发出新针法。通过使用不同的线、改变大小和空隙等方法设计出极富吸引力的肌理和图案，图案可以绣的很规整，也可以绣的很随意，还可以采用混合针法来形成新的针法。关键是要尽可能地发挥创造力和想象力（图3-14）。

图3-13　融为一体的印花设计

图3-14　刺绣设计

（2）珠绣：珠绣在刺绣过程中必不可少地要使用珠子，每一个珠子都是通过缝线和面料固定在一起的。珠子可以是玻璃、塑料、木头、骨头、珐琅等一切可能的物品，它们的形状和大小也是各式各样的，包括粒状珠饰、管状珠饰、闪光亮片、水晶、宝石和珍珠等。珠绣给面料增添了更加炫目的肌理效果，在服装上使用玻璃珠子进行装饰时，可以给人以光亮、华丽的品质感。法式珠绣是用针和线从正面将珠子缝制在面料上，将面料放置于绣花绷子上可以确保面料被绷紧，这样不仅使珠绣更容易一些，并且会让整个刺绣品完成得更专业（图3-15）。

（3）贴绣：贴绣是指将一块面料缝制在另一块面料上作为装饰的工艺形式。对于作为图案的面料，可以先进行刺绣和珠绣，然后再通过车缝贴绣于服装上（图3-16）。

图3-15 珠绣设计

图3-16 贴绣设计

（4）剪裁：面料也可以通过手工剪裁的方式来获得改观，剪切的边缘可以使用车缝线迹来防止其脱散。剪裁也可以借助于激光手段来实现，尤其是精致的图案纹样。激光也可以通过加热的方式将面料的边缘封住或者熔融，来防止其脱散。通过不同深度的激光处理还可以形成一种"烂花"的效果。

3. 染色

有的机织面料和针织面料在织造之前先使用合成染料或者天然染料对纱线进行染色处理。天然染料是从植物、动物或者矿物质中提取出来的，如红色染料可以通过将红色甲虫的干骸或者茜草根压碎制成。大多数天然染料都需要使用固化剂，以防止色彩在穿着或者洗涤时褪色。

4. 面料后整理

面料后整理可以运用于有一定匹长的面料，也可以运用于一件已经缝制好的服装。面料后整理可以改变面料的外观效果，如服装通过砂洗可以获得暗淡、褪色的效果。面料后整理也可以通过添加蜡质涂层而具有防水的功能。

（1）洗涤后整理：砂洗是20世纪80年代十分流行的后整理方式，经砂洗处理的面料及服装是那个年代里众多流行乐队的时尚选择。砂洗是借助于浮石（轻而多孔的石头）来实现的，它们可以褪去面料的色彩，但是比较难以控制，有时会破坏面料，因此，后来用机器来完成这一过程（图3-17）。

洗涤和加热可以给面料带来褶皱的效果。面料通过洗涤可以产生随意的褶皱，并且无须熨烫这些褶皱就可以保留。在洗涤之前，将面料折叠好并固定住，这样可以在某些特定部位形成褶子。褶子在面料上保存的实践取决于所采用的工艺流程、所选面料和洗涤温度。如合成面料通过加热处理，可以改变纤维的结构，从而形成永久的褶子。

（2）涂层整理：涂层整理用于面料的表面，通过涂上橡胶涂层、聚氯乙烯、聚氨基甲酸酯或者蜡，可以使面料具有防水性能。这种面料对于户外服装或者鞋子来说是最理想的。防水涂层的面料也可以提供一种看不见的保护膜，以阻止污迹和污物（适用于实用的、便于清洁的服装）。透气的防水面料可以通过运用一种隔膜形成，这种隔膜有足够排汗的微孔，但微孔又小到足以防止水滴渗透（图3-18）。

图3-17 砂洗　　　　　　　　　　　图3-18 涂层

四、面料和纱线交易会

以国内外面料展上收集来的面料流行倾向为基础，选择那些与设计概念相符合的面料组合在一起，并一一把选好的面料样本罗列在织物上，作为设计师进行系列设计的重要参照。也可以定织定染一些独特的面料，加上从面料展上选择的面料，一起组成该品牌下个季节所使用的面料。

根据时尚界的活动安排，面料交易会每年举行两次。交易会将陈列出由面料制造商和工厂提供的新近研发的面料和现有的样品。设计师通过参观这些展会，可以从各种新型面料中寻找设计灵感，并且为他们的设计选购面料。面料制造商将会准备面料样品册和样品架，设计师从这些样品中选择他们所需的面料。通常，面料商会剪下制作样衣所需的面料长度送给设计师，设计师将用这些面料制作一系列样品服装。然后，服装零售商根据这些样衣确定订单。订单汇总在一起就可以知道所需要生产的面料数量。然后，设计师就可以订购所需面料用于生产服装。如果面料供应商在一种面料上没有收到足够的订单，他们可能就不会投产这种面料。

第四节　风格的确定

一、社会的流行风格

风格的选择是根据消费对象而定的。随着社会的不断进步，风格的内涵和外延也不断发生着变化，社会的流行风格可以分为主流风格和支流风格，是根据流行面的大小而决定的。在社会环境发生相当程度的变化时，主流风格和支流风格将发生位置的转移。另外，产品风格不是固有的，风格是可以从无到有地创造出来的。

1. 主流风格

主流风格是指适合大多数消费者且在市场上成为主导产品的风格，相对来说，其流行度较高、时尚度略低（都市风格、乡村风格、浪漫风格、严谨风格、简约风格、传统风格、前卫风格、经典风格），如图3-19所示。

2. 支流风格

支流风格是指适合追求极端流行的消费者且在市场上是比较少见的风格，其流行度较低、时尚度较高，往往是流行的前兆（市井风格、军警风格、民族风格、变异风格），如图3-20所示。

二、目前国内市场女装的风格

1. 民族风格

汲取中西民族、民俗服饰元素的具有复古气息的服装风格（图3-21）。

图3-19　市场上成为主导产品的风格

图3-20　市场上比较少见的风格

图3-21　民族风格

2. 休闲风格

以穿着轻松、随意、舒适为主，年龄层跨度较大，适应多个阶层日常穿着的服装风格（图3-22）。

3. 中性风格

弱化女性特征，部分借鉴男装设计元素，有一定时尚度，外观硬朗而较有品位的服装风格（图3-23）。

图3-22　休闲风格

图3-23 中性风格

4. 前卫风格

运用具有超前流行性的设计元素，不对称结构与装饰较多，有异于常规服装的结构与装饰变化，个性较强的服装风格（图3-24）。

图3-24 前卫风格

5. 运动风格

借鉴运动装设计元素，充满活力，较多运用块面分割与条状分割及拉链、商标等装饰，穿着面较广，具都市气息的服装风格（图3-25）。

图3-25　运动风格

6. 经典风格

经典时装，往往指的是那些流行时间很长的历经风雨的时装。这类时装扮演了开拓者的角色，具有传统服装特点，相对较成熟的、能被大多数女性接受的、讲究穿着品质的服装风格（图3-26）。

7. 优雅风格

讲究细部、强调精致、装饰较女性化，具有较强女性特征，兼具时尚感的、较成熟的、外观与品质较华丽的服装风格（图3-27）。

图3-26　经典风格

图3-27 优雅风格

8. 轻快风格

轻松、明快，适应年龄层较轻的年轻女性日常穿着的、具有少女气息的服装风格（图
3-28）。

图3-28 轻快风格

第五节　制定主题板

　　主题板也称为故事板，用贴切的文字给即将面世的品牌及其产品有一个合乎逻辑的、具有诱惑力的说法，用一个形象化的故事或倡导的生活方式作为形象推广的统一标准和品牌运作人员的行动准则。从一定意义上来讲，主题板就是调研手册的"演示"板，它们以拼贴画的形式，通过粘贴将图片装裱在一块板子上，设计师用这种形式来传达主题、概念、色彩和面料，并用来指引每一季的系列设计（图3-29～图3-34）。

图3-29　幻成

图3-30　红与黑

图3-31 霓夜魅影

雨花、忆

设计理念：运用了雨花石的颜色和肌理对唯洛伊全新的诠释和理解，沉稳雅致而不盲从流行，迎合了现代都市女性的自然脱俗而特有的美感

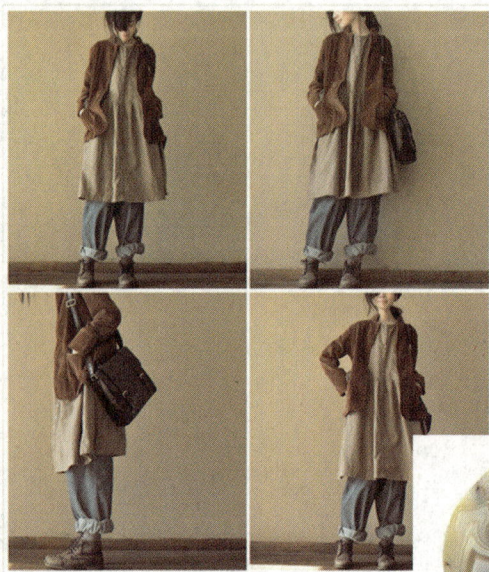

虽有万千语 不知怎么去表白

嗨你在哪儿 海我看不见

西厢情缘

4.3cm*3.6cm*1.0cm

泰山苍松

丽人裙松肌心儿似火烧

那是佳的泪在脸上轻轻绽

采菊东篱

石对岸的采就像蓝的海

配饰

搭配展示

面料

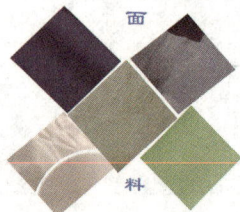

图3-32 雨花、忆

图3-33　简·爱

瑰语

设计理念：本系列作品主要定位于25～35岁之间的白领女性。创意灵感来源于玫瑰花。主要以简约，时尚，休闲，市井并且融合了结构哲学的设计理念风格，裁剪结构独特，选用不对称裁剪，包边，开衩等多样缝制技艺。完美地诠释本系列的主题，尽显成熟白领女性风范，透露着高贵与神秘

图3-34　瑰语

主题板的关键要素

1. 色彩基调

色彩要以色块的形式明确标出,这些可以是手绘的色卡、潘东色卡或者将它们混合使用。能够附上一幅图片来完善说明并支撑所选取的色彩是很重要的。

2. 主题(调研)的参考资料

为观看者展示调研之旅源自何处,它需要集中并整合那些最重要的灵感来源图片。

3. 面料

在调研过程中,应该已经收集到了面料小样和印花图案的设计理念、装饰手法、边饰材料等。主题板上要显示这些起到暗示作用的面料并以此来对所发展的设计理念起到支撑作用。

4. 关键词和文字说明

通常,由形容性的词汇或者短语构成的文字说明会对系列设计的主题或故事的描述有所帮助。

5. 目标市场

在开始调研之前,就应该考虑所设计的人群,作为对设计任务书结论的回答。很重要的一点是,应该能够从主题板的图片中暗示出目标客户,换句话说,就是呈现出反映他们生活方式的图片或者简单地使用品牌的标志。

6. 造型形象

这一点与目标市场密切相关,因为造型形象可以帮助围绕生活方式的表述来展现设计,所选图片要能够体现出系列设计的理想化形象特征。然而,它也体现出一种整体的包装,就是指拍照的环境、背景、色彩、道具、造型、发型和化妆,所有这些都将会帮助系列设计创造出一个理想化的形象。

思考与练习

1. 确定本团队设计主题。
2. 制作主题板。
3. 准备PPT演示内容。

系列女装设计方法

过程内容： 1. 系列女装设计构思

2. 系列女装设计方法

3. 系列女装款式设计拓展图

4. 系列女装设计效果图

过程课时： 24课时

教学目的： 1. 能够掌握女装设计的构思方法和设计程序。

2. 利用各种可能的材料进行系列女装的表现。

3. 掌握从设计草图到效果图的全过程操作。

教学方式： 图片演示、案例讲解、讨论法

教学要求： 1. 明确教学目的和任务。

2. 掌握系列女装设计构思和设计方法。

3. 熟练绘制服装款式图和彩色效果图。

4. 通过教学活动，培养学生交流、合作、创新意识。

课前准备： 1. 图片搜集、资料整理。

2. 分析学情，选择教学方法。

3. 钻研教材，制定教学方案。

过程四　系列女装设计方法

第一节　系列女装设计构思

一、设计构思

所谓构思，是指设计师在孕育作品过程中所进行的思维活动。思维一般由思维的主体（人）、思维的客体（对象）、思维的工具（材料）和思维的协调（多种思维方式的整合）四方面组成。

设计构思是指作者在创作中的思想意图。它是从生活中观察或根据平时积累的素材资料，结合产品特点、工艺条件和消费者需要，通过特定的艺术手段加工而成的。

任何事物的存在都不是孤立的，客观事物之间存在着多种形式的联系。系列女装设计的研究是把研究方法从单项转向多项，即从多种角度综合系列地考虑作品或产品的展示和穿着效果。所以，系列设计是从更开阔的领域来探讨一个目标的思路。这是现代设计思想的一个重要特点，也是系列设计的思维特征。

系列女装设计与单套女装设计的基本手法大体相同，只是考虑的因素增加了，范围扩大了。如果说单套女装设计主要是自上而下，由里向外纵向进行配套设计的话，那么，系列女装设计则在此基础上扩展了横向配套设计的内容。因此，系列女装不仅每套之间有着紧密的联系，甚至可以相互换位搭配，重新组合，而且每套女装单独出现，也是完整统一的。

1. 在统一中求变化

根据实际需要，从大体相同的思路上考虑系列女装的总体面貌，考虑系列女装的具体要素（面料、花色、款式、细节等），在此基础上，再作局部或细节上的变化处理。

2. 在变化中求统一

根据实际需要，从追求丰富变化的角度考虑女装的系列设计。在变化、不同，甚至于对比的情况下，进行统一的处理。从服装的某一个"点"着手，从而把握服装的整体造型。如先从一种理想的领形开始，逐渐过渡到服装的其他部位，使其都顺应着领形的感觉和特色去处理。

二、设计思维

1. 发散思维

发散思维，就是从已经明确或被限定的某些因素出发，进行各个方向的思考，设想出多种构思方案的思维方式。由于这一思维方式呈现散射状态，故而又称"扩散思维"。发散思维主要用于设计构思的初级阶段，是展开思路、发挥想象，寻求尽可能多的答案、设想或解决方法的有效手段。

2. 聚合思维

聚合思维，就是在所掌握的众多材料和各种信息的基础上，从一个方案入手，朝着一个目标进行深入构想的思维方式。由于这一思维方式呈现收敛状态，故而又称"收敛思维、幅合思维或集中思维"，主要用于设计构想中期、后期。尽管这一阶段也有发散思维参与，但毕竟不是主流，聚合思维是设计构思的深化、充实和完善的重要过程。

3. 侧向思维

侧向思维，就是利用局外信息，从其他领域或离得较远的事物中得到启示而产生新方案、新设想的思维方式。由于这一思维方式的起因并非来自与服装相关的事物，故而也称"旁通思维"。

4. 逆向思维

逆向思维，就是按照人们习惯的思路走向，进行逆向思考，设想一些出乎人们意料的新方案的思维方式。由于这一思维方式与一般的思维方式恰好相反，故而又称"反向思维"。逆向思维的显著特征，就是逆流而上。人们都这样想，我偏不这样想，因而，想法往往新奇、独特、别具一格，思维不易落入俗套。

5. 创新思维

在设计的导入环节，需用创新思维去发现设计的突破口，表现在系列设计中可能是对一张图片、一款面料、一首歌曲、一种肌理等元素的创新发现，发现可行的设计点以便在后续的过程中进行相应的创新设计。在设计的构思环节，需运用思维拓展方式进行横向或纵向的创新思考，在设计的全面开展环节需运用正反方向和多方向思维，多视角、全方位的变化设计，在设计的综合表现方面需要具备思考方法的创新性、创作观察视野和角度的创新性及设计手段运用的创新性。

系列服装设计与其他艺术设计一样是一种创造性的思维活动，这种思维活动比较复杂，它不是单一的一种思维形式，而是多种思维方式的整合。也就是说，在思维的过程中，仅限于单一的思维方式是不能解决问题的，必须综合创造。

第二节　系列女装设计方法

女装系列设计与其他艺术设计一样是一项充满创造性的工作，实施系列女装设计时，必须启发多种思维方式，激发设计师的创造意识。就系列的创造性构思而言，我们不能把思维仅仅限于款式形态的某一个方面，女装系列构思的创造意识在于独特的选择、独特的组合搭配、独特的外观效果和独特的整体风貌。系列女装整体风貌的表现，除服装本身之外，还包括人与配饰以及衣服在色彩、形态、表现效果和整体氛围上的协调。因此，系列设计的基点是求新求变，富有创意。从系列服装造型上看其基本形的风格是否贯穿整个系列之中，看系列作品应用要素是否有逻辑性、连贯性和延续性。

一、系列构思从草图入手

草图是系列女装构思中可视形象的表现形式，是对各种形与色、各设计要素进行延伸与组合的设想，并通过系列构画来表达出设计设想的方案。特别是系列女装款式丰富多样，无数张的草图是挑选优秀设计构思的保证。在挑选出的草图基础上才可进一步完善轮廓、细节、比例，最后调整成正稿，绘制出彩色效果图。

二、系列组成从套数考虑

从系统的角度来看，系列女装至少应在三套或三套以上。按主题系列来分，四套左右为小系列，六套左右为中系列，八套以上为大系列，12套以上为特大系列。时装发布会作品一般以大系列来表现，以便能有足够的规模和气氛去吸引人们注目，这是对设计主题和设计构思充分表达的需要。在企业成衣的生产和订货会中，系列的女装数量以少为好还是以多取胜，完全取决于设计任务的需要。参赛女装的数量，应根据构思的特点，设计师个人对系列整体的把握能力以及可能提供的面料条件、展示环境、个人的创作情绪等来确定。事实上，女装系列的大小各有特点，小系列精致、单纯；中系列有较强的整体感；大系列有足够的规模气氛；特大系列则给人以壮观、恢宏的气势。如果有足以设计特大系列的材料，但设计师缺乏对系列整体的把握能力和整体设计经验，也只能得到凌乱、大而空的结果。因此，不论大系列还是小系列，设计师都必须"系列"去设计和设计成"系列"，整体系列的完美风格是至关重要的。

三、系列设计从材料入手

从面料质感与造型的关系上看，其材料的表现和材料的肌理特性是否给款式造型注入了活力，并形成整体协调而又有局部变化的系列构思（图4-1）。

不论是参赛的女装作品，还是公司订货会的女装，都要以样衣来评比、鉴定。优秀的参赛作品、发布会作品和产品订货会样品，在起草构思之时，就应该考虑到面料材质的选用和做成系列女装的效果，因为材质对女装的成形起着至关重要的作用。从设计服饰的状态这一角度来说，设计者完成了设计效果图，只是完成了女装设计的30%，接着还须进行面料的选择、打板、制作样衣与样衣的试穿调整等工作，此外还要参与预算、展示、销售反馈等全过程。参赛新手往往出现这样的情况，作品入围了，但在实际制作中，由于面料选择不当或衣型调整不到位，或由于对工艺要求不严等而出现了制作的成衣比效果图差好多的情况，在企业里，面料的选择是该季产品成功与否的关键。

图4-1　面料小样

四、系列色彩从设计表现形式入手

女装中的色彩搭配设计非常的重要，设计师在色彩搭配设计过程中需要注意面积、位置、面料、图案构成等元素对系列色彩设计的影响，并通过色彩的三要素进行相应的配色方案。此外，系列配色的过程中所有的因素从来都不是孤立存在的，从色彩逻辑上看，单套颜色的运用和系列配色组合是否体现出一组主色调的色彩效果，在系列的每一个款式之中应有节奏的变化。

1. 相同色彩的系列设计

同一色彩组合的系列设计，色彩配置来说这是最简单的配色设计。在一系列的女装中，色彩元素应一致，如颜色的明暗程度一致或颜色的色相一致。其特点是色彩单一，但容易使人感觉单调，可通过变化其他元素来取得视觉的调和。可通过对款式作近似的变化、通过材质的对比变化和通过对女装结构线作近似的变化等方法来丰富色彩语言，其中主要是材质变化或女装结构线变化手法的运用，它既能使同一色彩组合的系列设计产生变化，又能保持女装风格的统一（图4-2）。

2. 近似色彩的系列设计

近似色配合是指在色相环上90°范围内色彩的配合，给人温和、协调之感。与同类色配合相比较，色感更富于变化，所以它在服装上的应用范围比同类色配合更广（图4-3）。

图4-2 相同色彩的女装礼服设计

图4-3 近似色的女装礼服设计

3. 对比色彩的系列设计

对比色的配合是指色相环上120°～180°范围内的色彩配合，所体现的服装风格鲜艳、明快。在配色中要注意主次关系，同时还可通过加入中间色的方法使对比效果更富情趣（图4-4）。

图4-4 对比色的女装设计

4. 近似图案的系列设计

这是突出面料中图案风格的设计，它追求纹样细节变化，或通过印花，刺绣工艺的变化，或类似民间剪纸的工艺风格，或采用明暗阴阳的变化，而在系列服装中其他元素应基本一致（图4-5）。

5. 色彩变调的系列设计

是以相同的色彩和相同的色彩数配置出不同色彩调子的设计方案。是对同种花型，给予不同的配色方案，或对同样的款式，进行不同面积的分割，产生色彩变调的系列形式（图4-6）。

图4-5 近似图案的系列女装设计

图4-6　色彩变调的女装设计

6. 以结构线为主的系列设计

女装结构线包括省道线、剪辑线和褶裥等。女装的结构线不论繁简，都是以直线、曲线和弧线来表现的，女装具备较为充分的结构装饰性，不使用附加物，也能使人感到有装饰的美感。女装设计中结构线的塑形与材料有关，必须注意相互之间的和谐，使之与整体轮廓保持协调一致（图4-7）。

7. 以装饰线为主的系列设计

设计中装饰性的线条可不受结构线的限制，只考虑形式美的需要。从服装分割线的性质和缝制工艺手法上看，其系列作品的设计手法是否表现为统一的风格等（图4-8）。

8. 近似女装相同饰物的系列设计

这是在近似而略有变化的女装款式上，配置相同或类似的饰物的一种设计方法。饰物可以是立体而夸张的结饰、手工珠绣的图案、实用而具有装饰意味的配件等，通过这些饰物使女装形成略有变化的外观和服饰风貌。从装饰配件关系上看，其纹样和服饰品在装饰的变化中是否为系列作品添枝加叶，烘托出服装要表达的意境氛围（图4-9）。

图4-7 结构线为主的女装设计

图4-8 装饰线为主的女装设计

图4-9 配置相同或类似饰物的女装设计

9. 以装饰工艺表现的系列设计

（1）缉明线装饰（图4-10）。

图4-10 明线装饰

（2）活褶与折裥装饰（图4-11）。

图4-11 褶装饰

（3）镶边带装饰（图4-12）。

图4-12　镶边带装饰

（4）荷叶边装饰（图4-13）。

图4-13　荷叶边装饰

五、国际知名服装设计师系列女装设计作品赏析（图4-14～图4-16）

图4-14 约翰·加利亚诺（John Galliano）2010秋冬女装

约翰·加利亚诺所特有的部落的迷人风情，浪漫的色彩，精致的手工加上华美的配饰给人震撼视觉的女装系列作品。

图4-15　老佛爷卡尔·拉格菲尔德（Karl Lagerfeld）2011春夏高级成衣系列作品

　　卡尔·拉格菲尔德在夏奈尔（CHANEL）发布会上的精致洋装和高科技级别面料套装，柔和的粉嫩颜色和细密精致的织物组织让人为之怦然心动。

图4-16 高田贤三（KENZO）2012春夏女装系列作品

高田贤三善于表达绚丽的色彩，鲜艳的图案在高田贤三的设计中，始终保持着一定的出现频率，将面料的质感与款式搭配得天衣无缝。

第三节　系列女装款式设计拓展图

女装系列产品款式设计是在面料设计、色彩设计、工艺设计等基础之上，依据产品的市场定位、设计主题理念，是反映服饰风格的主要视觉要素之一。女装系列款式设计可根据流行变化进行创造，通过款式的细节、元素、造型、线条等方面来进行服装形象的表达，因此款式的系列化拓展设计是根据服装整体廓型分解出上装、下装、内搭和外围装饰的搭配形式，能合理有效地进行系列化产品款式的拓展表现。

一、女式合体上装系列产品款式拓展设计表现

款式说明：S型轮廓设计肩部合体、胸腰部收紧，注重服装的样板设计以及省道与公主线设计，时尚干练（图4-17）。

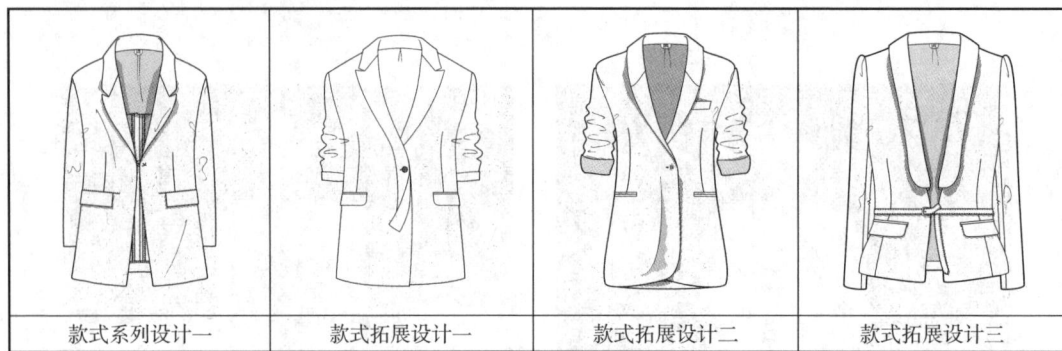

图4-17　女式合体上装款式拓展设计

二、女式休闲上装系列产品款式拓展设计表现

款式说明：H型轮廓设计肩部合体、胸腰部放松，注重服装的舒适度设计以及无明显省道设计，简洁大方（图4-18）。

图4-18　女式休闲上装款式拓展设计

三、女式休闲外套系列产品款式拓展设计表现

款式说明：X型轮廓设计肩部略向外扩张，腰部向里收，领部造型简洁，袖子设计合体舒适（图4-19）。

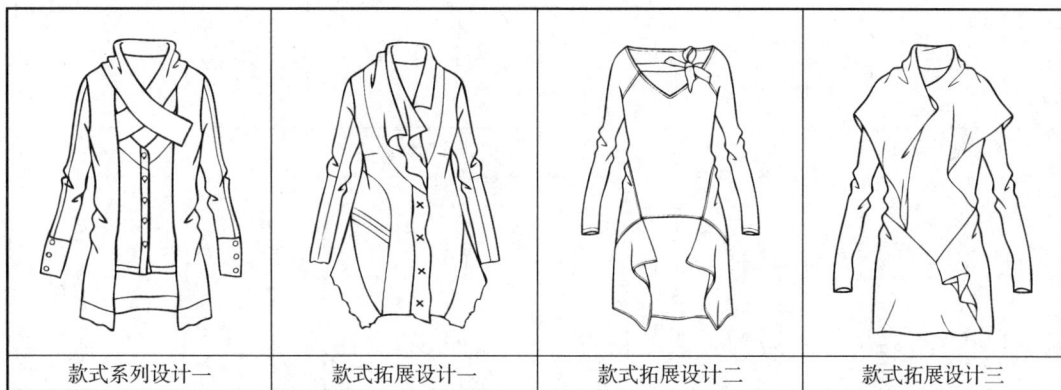

| 款式系列设计一 | 款式拓展设计一 | 款式拓展设计二 | 款式拓展设计三 |

图4-19　女式休闲外套款式拓展设计

四、女式连衣裙系列产品款式拓展设计表现

款式说明：S型廓型弹性合体裙，注重服装的线条设计，领型设计简洁，时尚性与功能性兼具（图4-20）。

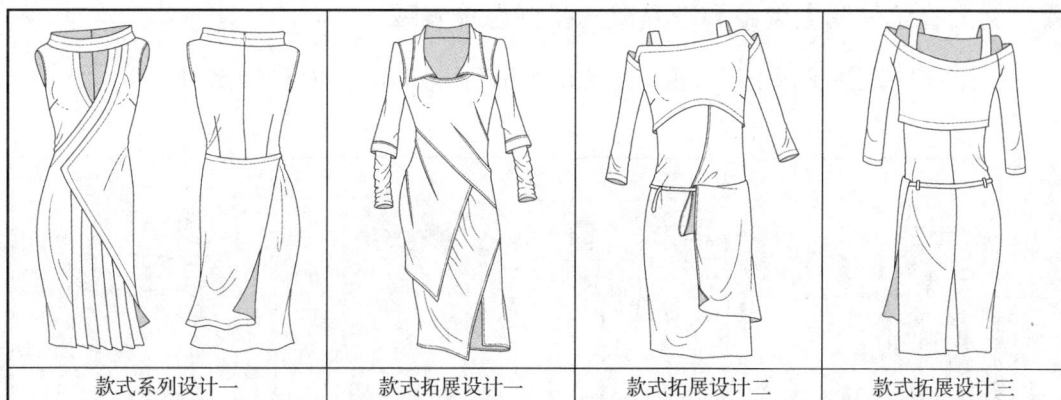

| 款式系列设计一 | 款式拓展设计一 | 款式拓展设计二 | 款式拓展设计三 |

图4-20　女式连衣裙款式拓展设计

五、女式长大衣系列产品款式拓展设计表现

正面与背面款式说明：收腰型设计，有公主线或分割线设计，领型变化设计丰富，长袖型变化设计（图4-21）。

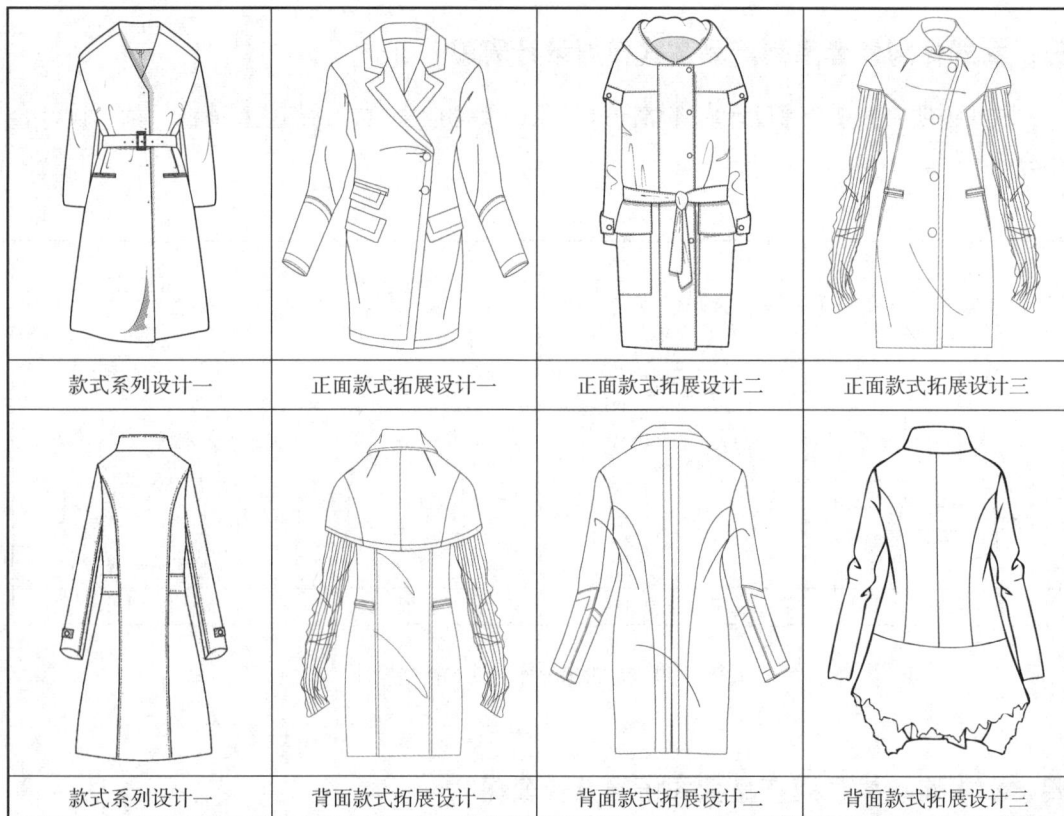

| 款式系列设计一 | 正面款式拓展设计一 | 正面款式拓展设计二 | 正面款式拓展设计三 |
| 款式系列设计一 | 背面款式拓展设计一 | 背面款式拓展设计二 | 背面款式拓展设计三 |

图4-21　女式长大衣款式拓展设计

六、女式针织休闲上装系列产品款式拓展设计表现

款式说明：针织类休闲衫主要是以舒适简约形式，无收腰或分割线设计（图4-22）。

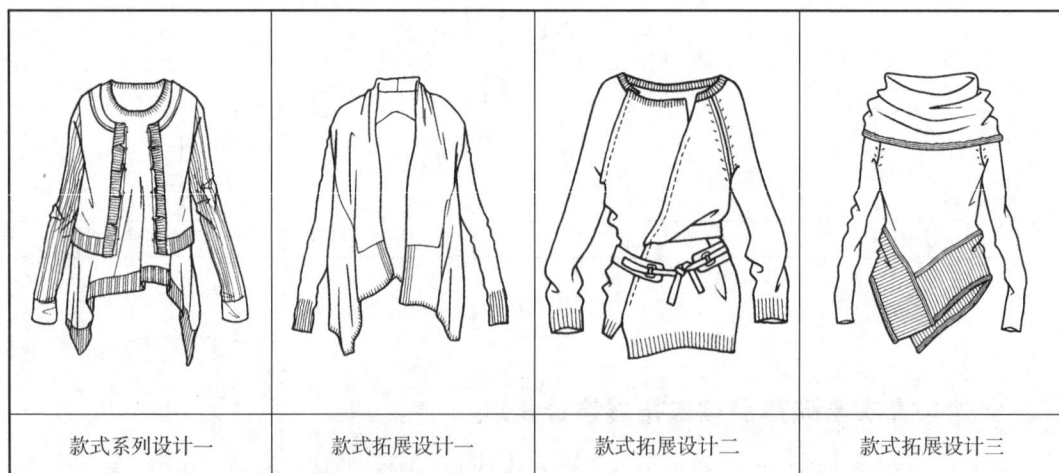

| 款式系列设计一 | 款式拓展设计一 | 款式拓展设计二 | 款式拓展设计三 |

图4-22　女式针织休闲上装款式拓展设计

七、女式半裙系列产品款式拓展设计表现

款式说明：职业半裙设计以合体时尚为主要表现形式，在前中、前侧都有变化设计，以线条的简洁流畅来体现干练、洒脱的风格（图4-23）。

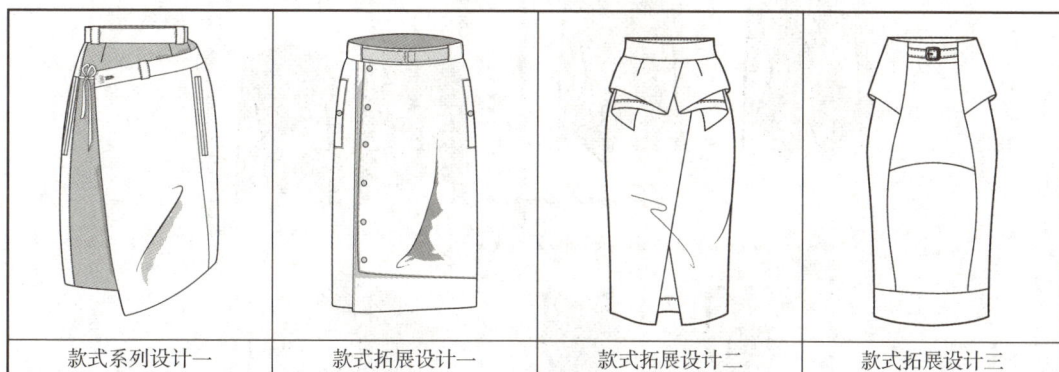

| 款式系列设计一 | 款式拓展设计一 | 款式拓展设计二 | 款式拓展设计三 |

图4-23　女式半裙款式拓展设计

八、女装典型系列产品款式及细节部位拓展设计示意图（图4-24、图4-25）

Fashion

双层领不对称设计

双层领设计　　双层设计

双层设计

服装系列采用双层设计和不对称设计，色彩上采用灰黑色调，玫红色加以点缀。最后以不对称抽象盘花做装饰

图4-24　外套系列产品款式拓展设计（瑰语）

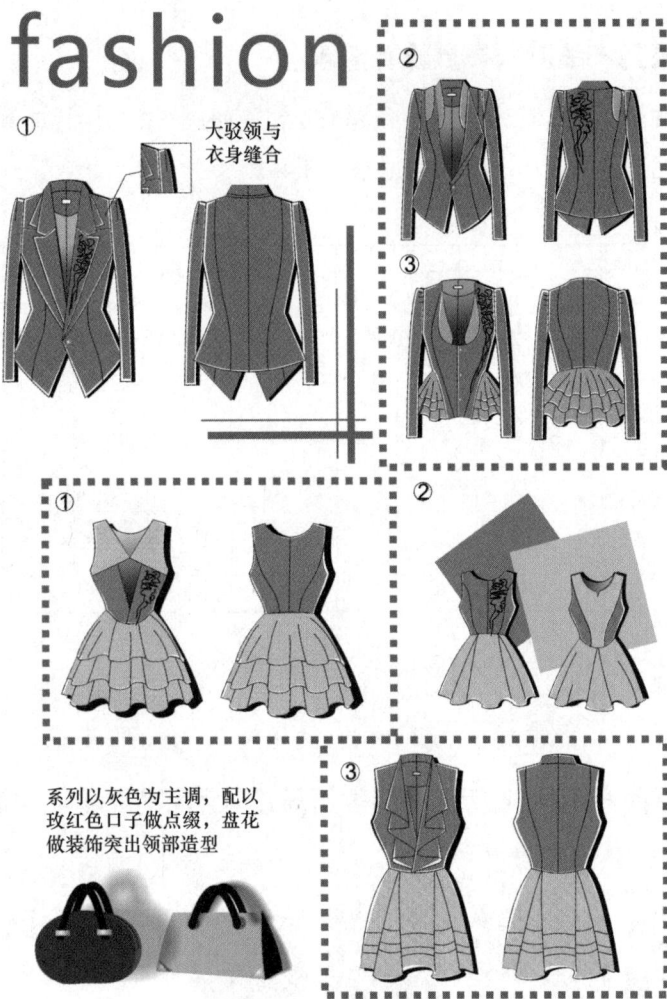

图4-25　上衣、连衣裙系列产品款式拓展设计（瑰语）

第四节　系列女装设计效果图

在设计方式上因人而异，所以画成衣系列设计效果图时，可以先有主题构思，后画出款式拓展图，最终确立系列服装效果图，再选择面料及缝制样衣。也可以先确定材料的情况下，再进行后一步的构思设计。

一、系列设计效果图

系列设计效果图是表现已经构思的设计形式，它包括草图构思、人体动态构思、女装细节、着装效果以及绘画技巧和艺术效果的表达（图4-26、图4-27），效果图上还须贴有面、辅料小样。

说明：本作品原创共有四款式，以花卉为元素，服装黑色面料为主，低调时尚。体现青春活力、旅行的快乐。此服装的设计理念是前卫，新潮。在上衣的领口处有类似花瓣的设计，裤子上宽下裤腿收，体现女性的美感，每款分为三件套，增加了服装的层次感。在服装的面料上运用部分的雪纺蕾丝，部分绿色为软牛仔，黄色部分是皮革。撞色的搭配，不同面料的拼接，紧跟时尚潮流。多层次的色彩令人着迷并充满喜悦，明亮的黄色和饱和偏冷的深灰绿涌动着冲撞的能量，沉稳的黑色不动声色地稳定了整个色彩系列

图4-26 系列设计效果图一

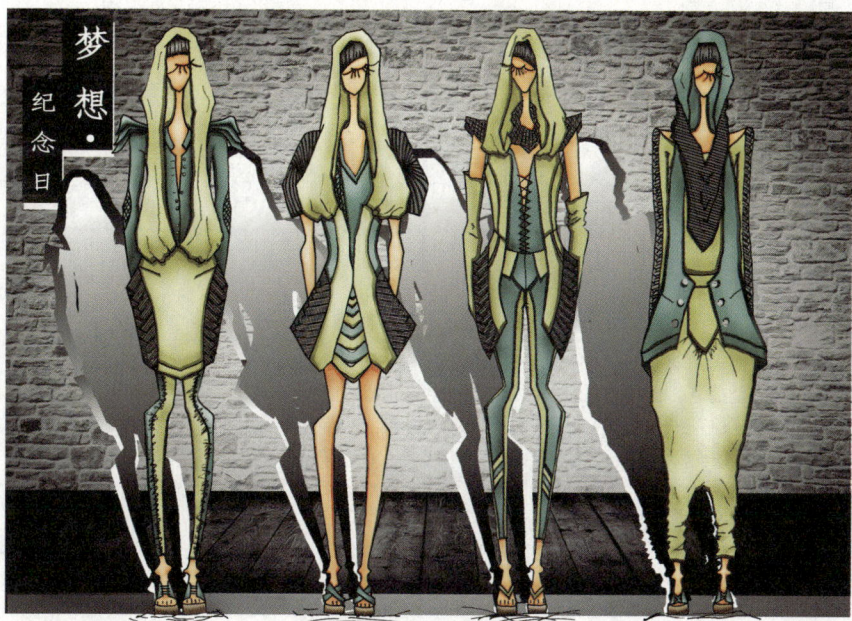

图4-27 系列设计效果图二

1. **正面款式图或背面款式图**

完成人物着装后，还必须画出女装的正面款式图或背面款式图（图4-28、图4-29）。当效果图是正面时，就画出背面款式图；当效果图是背面时，则画出正面款式图。一般款式图，以单线形式，比效果图小约三分之二画出来，款式的比例尺寸、细节都必须能让样板师、工艺师所理解。

2. **细节表现**

在设计中，有些特别复杂的款式局部无法表达清楚，则需在效果图相应的部位放大突出细节部件的要求（图4-30、图4-31）。

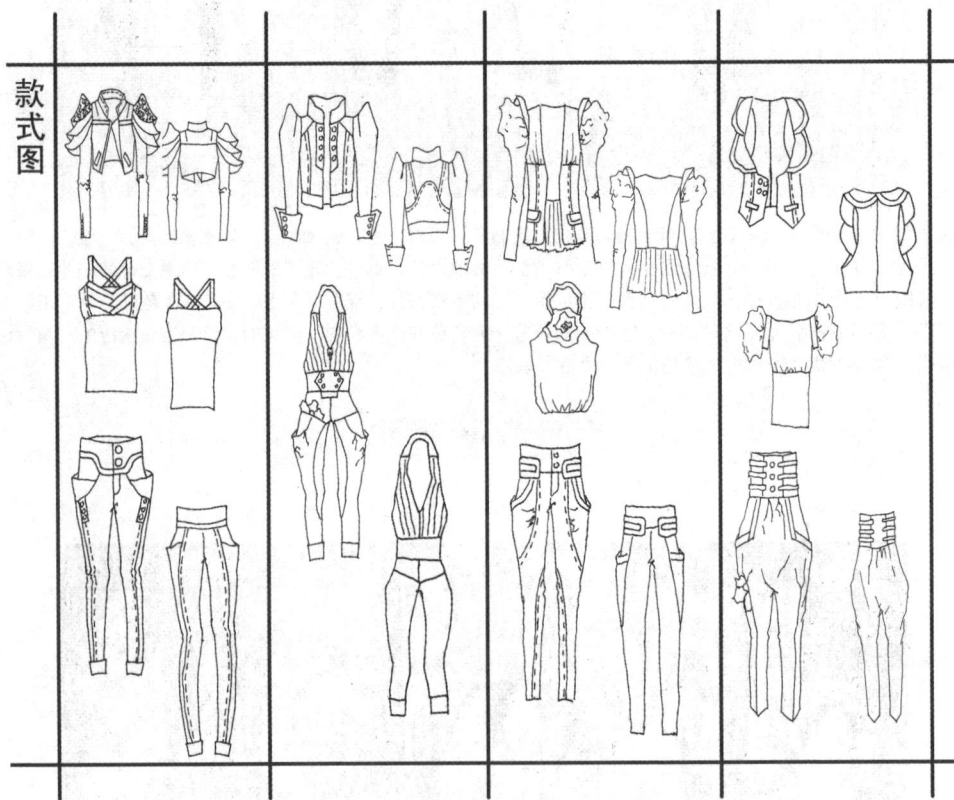

说明：嬉皮花朵的宣言

本作品原创共有四款式，以花卉为元素，服装黑色面料为主，低调时尚。体现青春活力，旅行的快乐

此服装的设计理念是前卫，新潮。在上衣的领口处有类似花瓣的设计，裤子上宽下裤腿收，体现女性的美感，每款分为-三件套，增加了服装的层次感。在服装的面料上运用部分的雪纺蕾丝，部分绿色为软牛仔，黄色部分是仿皮革面料。撞色的搭配，不同面料的拼接，紧跟时尚潮流。多层次的色彩令人着迷并充满喜悦，明亮的黄色和饱和偏冷的深灰绿涌动着冲撞的能量，沉稳的黑色不动声色地稳定了整个色彩系列。舒适而又体现出此次比赛的主题。适用于外出旅行，不会因为服装而影响出游的愉悦心情

同时大量采用黑白条纹，即体现出服装的美感又散发出花朵的活力。涉及的消费人群广泛，适合各个年龄段女性

以上就本作品的设计主题，旅行中不可或缺的花朵，美丽而又快乐

图4-28 《嬉皮花朵的宣言》款式图

款式图

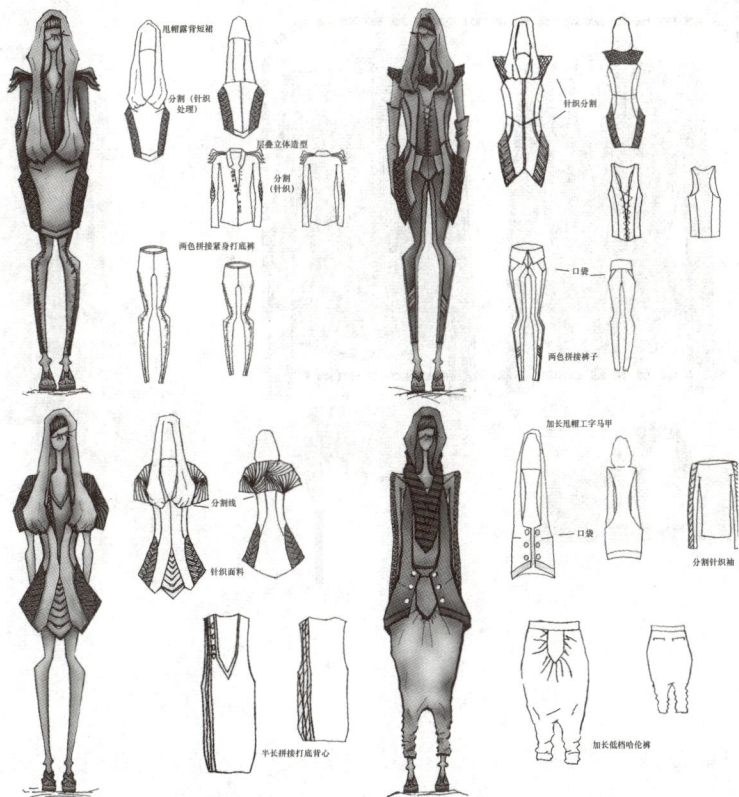

图4-29 《梦想·纪念日》款式图

图4-30 细节放大一

双层设计

双层设计

立体设计

图4-31　细节放大二

3. 文字说明

　　一个系列的设计，应有相关的文字说明和文字主题名。它包括设计主题名、灵感来源、设计意图、规格尺寸、材料要求、面、辅料种类和面料小样等文字说明（图4-32、图4-33）。

设计构思：
《花样年华》服装设计系列——繁杂、鲜活、多彩是我对花样青春时光的定义，同样这也是我想通过这个系列，为设计传达出来的对青春的感受。中国元素的加入更为设计添加一抹中国韵味。

图4-32　《花样年华》文字说明

设计构思：本系列设计构思来源于欧洲中世纪骑士，对骑士
风貌的造型、结构、色彩、面料、细节等元素进行分析，结
合女装设计原则，将女性内心深处的骑士形象释放出来，透
出铿锵迷人的魅力

图4-33 《铿锵》文字说明

二、女装色彩系列的表现

色彩是女装的第一外观要素，给设计带来很大的空间，但同时对设计者也是个极大的
挑战。色彩很大程度上决定了着装效果的好坏，构思时受生活习惯、流行风潮、社会文化
的影响（图4-34、图4-35）。

图4-34 《生如夏花》色彩表现

图4-35 《忆之韵》色彩表现

三、女装面料系列的表现

　　面料的质地是面料表面的质感和织物组织的风格（图4-36、图4-37）。女装设计构思中，除考虑面料的手感、性能、视觉感受方面，还要考虑女装所有用料的质地和性能，加以正确的选择，保持面料风格与款式风格的一致性。

图4-36　《交织的乐章》面料表现

图4-37　《梦回》面料表现

四、装饰工艺系列的表现

装饰工艺是女装的内结构，工艺技术的合理性、科学性，关系到女装制作质量的优与劣，直接影响女装在市场上的销售份额。借助装饰工艺塑造女装的整体造型，体现女装的外观形态和内在品质（图4-38、图4-39）。

图4-38 《摩登方圆》装饰工艺表现

图4-39　《混·时尚》装饰工艺表现

五、女装服饰品系列的表现（图4-40、图4-41）

图4-40　《粉涩·物语》服饰品表现

图4-41 《低调的奢华》服饰品表现

六、女装风格特征系列的表现（图4-42 ~ 图4-44）

图4-42 《结·染·不同》风格特征表现

图4-43 《灵动》风格特征表现

图4-44 《影响力》风格特征表现

思考与练习

1. 根据本团队设计主题，进行系列女装的设计。

2. 绘制服装系列款式图、服装效果图。

系列女装制板

过程内容： 1．女装制板基础

2．女装制板方法

3．系列女装制板案例

过程课时： 14课时

教学目的： 1．能够掌握女装技术项目制板部分的课程内容。

2．能够掌握女装制板的规格设定。

3．掌握女装制板的基本知识内容。

4．培养学生的理论联系实际能力。

5．培养学生的敏锐洞察力。

6．培养学生的自学能力。

7．培养学生的资料整合和分析能力。

8．培养学生的团队合作能力。

教学方式： 讲授、案例、引导启发、小组讨论、多媒体演示。

教学要求： 1．以讲授为主，通过案例讲解，引导自主学习。

2．下达设计任务书，明确任务。

3．制订工作计划，继续分组制图，完成系列服装制图。

课前准备： 1．能通过多种媒介获取相关资料。

2．对于制板知识先进行复习。

过程五　系列女装制板

第一节　女装制板基础

　　系列女装设计是由款式设计、结构设计、工艺设计三部分组成。款式设计是创造服装的立体造型，结构设计是将立体形态分解成平面的裁片，工艺设计是将平面裁片按照一定的工艺标准重新组合成立体的服装。结构设计在整个系列女装设计中起着承上启下的作用，既是款式设计的延伸和发展，又是工艺设计的准备和基础。

　　通过结构设计过程分析，把握女装的立体形态，选择相应的结构形式，绘制成符合款式造型特点、准确反映服装规格的平面图。在结构平面图的衣片轮廓线的外面加放缝份和贴边量，最后剪切成服装样板。服装样板就是生产制作服装的图纸，又称为纸样或纸板，是服装生产各个工序，如裁剪、缝制和熨烫等工序必不可少的生产工具。按照产品的规格系列及号型配置，利用标准样板进行推档，制作工业生产所需的全套样板，又称为工业样板或者"系列样板"。

一、服装号型的标准

1. 号型的定义

　　服装号型是服装长短、肥瘦的标志，是根据正常人体体型规律和使用需要，选用最具代表性的部位，进行合理归并设置的。

　　（1）号：是指人体高度，是以cm表示人体高度，是设计服装长度的依据。

　　（2）型：是指人体围度，是以cm表示人体胸围或腰围。

2. 体型分类

　　成年人号型分为Y、A、B、C四种体型，四种体型是根据胸围和腰围的差值范围分档的（表5-1）。

表5-1　体型分类　　　　　　　　　　　　　　　　　　　　单位：cm

性别	女				男			
体型分类	Y	A	B	C	Y	A	B	C
胸腰围差	19~24	14~18	9~13	4~8	17~22	12~16	7~11	2~6

（1）Y型是胸围大、腰围小的体型，也称为运动体型。

（2）A型是标准体型。

（3）B型是胸围丰满、腰围略粗的体型，也称为丰满型。

（4）C型是胸围丰满、腰围较粗的较胖体型。

3. 号型标志

号在前，型在后，中间用斜线分隔，型后面是体型分类。例如，女160/84A是指身高160cm，净体胸围84cm，体型分类代号为A，即胸腰围差为14~18cm。

4. 号型系列

号型系列是服装批量生产中规格制定和购买成衣的依据，号型系列以中间体为中心，向两边依次递增或递减组成。

（1）"号"的分档系列：成人的"号"以5cm分档组成系列，女子的号以145~175cm设置范围组成系列。

（2）"型"的分档系列：胸围以4cm分档组成系列，腰围以4cm或者2cm分档组成系列。

（3）按四类体型组成系列：成年男女身高与胸围、腰围搭配分别组成5·4、5·3或5·2号型系列。

5. 中间体成衣规格设计

中间体是指在大量实测的成人人体数据总数中占有最大比例的体型数值。国家设定的中间体具有较广泛的代表性，是指全国范围而言，各地区的情况会有差别，所以，对中间体号型的设置根据各地区的不同销售方向而定，不宜照搬，但规定的系列不变。所设计的中间体，按一定分档数，在设定范围内上下、左右推档组成规格系列（表5-2）。

表5-2　成人中间体尺寸　　　　　　　　　单位：cm

性别 部位	女子				档差		男子				档差	
	Y	A	B	C	5·4	5·2	Y	A	B	C	5·4	5·2
身高	160	160	160	160	5	5	170	170	170	170	5	5
全臂长	50.5	50.5	50.5	50.5	1.5	1.5	55.5	55.5	55.5	55.5	1.5	1.5
腰围高	98	98	98	98	3	3	103	102.5	102	102	3	3
胸围	84	84	88	88	4	2	88	88	92	96	4	2
颈围	33.4	33.6	33.6	34.8	0.8	0.4	36.4	36.8	38.2	39.6	1	0.5
总肩宽	40	39.4	39.8	39.2	1	0.5	44	43.6	44.4	45.2	1.2	0.6
腰围	64	68	78	82	4	2	70	74	84	92	4	2
臀围	90	90	96	96	Y.A 3.6 / B.C 3.2	Y.A 1.8 / B.C 1.6	90	90	95	97	Y.A 3.2 / B.C 2.8	Y.A 1.6 / B.C 1.4

6. 号型的运用

消费者在选购服装时，首先要确定自己的体型，即测量自己的身高，净胸围及净腰围，算出胸腰围差，确定自己属于Y、A、B、C四种体型的哪一种，从中选择符合自己号型类别的服装。若某人的身高和胸围与号型设置不吻合时，则采用就近原则。

例如，身高在162～167cm范围，选用号为165的服装；人体净胸围为82～86cm范围内，选用型为84cm的服装。

二、女性人体与服装号型的关系

1. 女性人体分析

国际体型计量单位有三种方法：七头身、八头身、九头身。我国一直以七头身作为标准高度的依据。由于生活水平的提高，身高的总趋势是在不断增高，因此，以后可能会以七头半作为身高的计量单位（图5-1）。

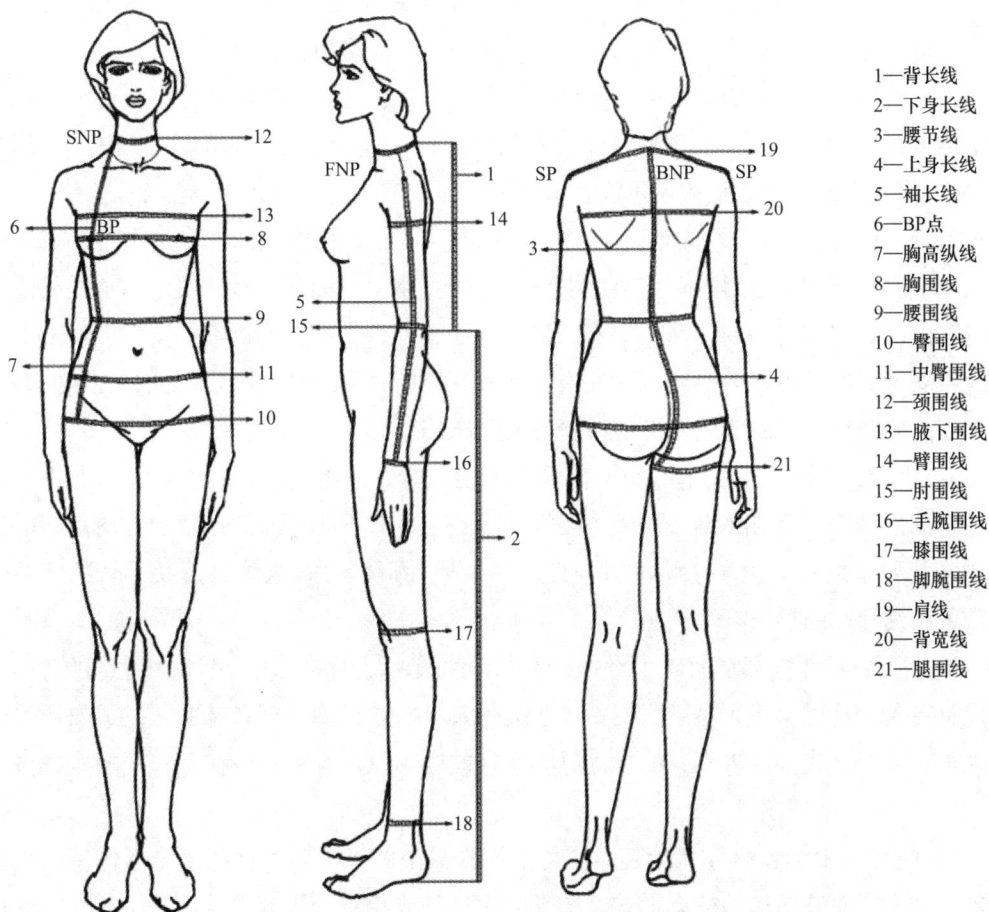

1—背长线
2—下身长线
3—腰节线
4—上身长线
5—袖长线
6—BP点
7—胸高纵线
8—胸围线
9—腰围线
10—臀围线
11—中臀围线
12—颈围线
13—腋下围线
14—臂围线
15—肘围线
16—手腕围线
17—膝围线
18—脚腕围线
19—肩线
20—背宽线
21—腿围线

图5-1 亚洲女体七头高比例关系

2. 整体体态特征

女性骨骼纤细，体型平滑柔和，性格柔媚。下身相对发达，肩部窄，胸廓体积小，骨盆窄，通体线条起伏，落差明显，呈现S型。女性肌肉不发达，皮下脂肪较多，外形光滑、圆润。乳房凸起，背部稍后倾，颈部前伸，肩胛突起，后腰凹陷，前腹微凸，显现"S"造型（表5-3）。

表5-3 我国女性人体比例参考值

人体部位	身高	颈长	BP位	腰节位	上臂长	下臂长	手掌长	腰长	股上长	大腿长	小腿长
服装对应	衣长	领高	胸高位	腰节长	袖长	袖长	手套长	腰臀高	上裆	裤长	裤长
头长比例	7	1/4	1	5/3	4/3	1	2/3	5/7	6/5	8/5	4/3
身高比例	100%	3.6%	14.3%	24%	19%	14.3%	10%	16%	17.3%	23%	21%

通过褶裥、省道的设计，在结构上满足女性高落差的体态特征。因此，外形设计千变万化，省道、分割、褶裥的设计应用广泛，形式活泼，造型变化丰富。

（1）颈部：颈部是头部与躯干的连接部位，不但是重要的生理部位，同时也是服装结构上的重要结构线。颈的根部通常作为衣领结构线，它的形成是前颈点（FNP）、肩颈点（SNP）和后颈点（BNP）的连接线，形状为桃形，桃尖部为前颈点。

（2）肩部：肩部是由颈侧根部滑向肩峰外缘，与水平线构成约20°的夹角，肩头略前倾，整个肩膀俯瞰呈弓形。这使得上衣的后肩缝线略斜于前肩缝线，且前肩缝线外凸，后肩缝线内凹。肩部前面两侧高，中间凹陷，后面相反，表面较为圆润。女性的肩部斜而窄，成年女子肩斜角平均为21°，女性肩头前倾、肩膀弓形比较明显。因此，在相同条件下，女装前肩缝线、后肩缝线的平均斜度要大于男装。

（3）手臂：手臂的肘关节，只能前曲，不能后弯，所以当人体自然直立时，手臂呈稍向前弯曲的状态，弯曲的程度女性约为6.8cm。这就是通常所说的手臂的方向性，是决定袖的形状要素之一。由于手臂的方向性，为了使袖形状贴合人体，反映手臂的弯曲弧度，常采用两片袖的形式。

（4）背部：女性背部窄而较为平坦，体表较浑圆，背部曲线较为明显。背部的弯曲与服装设计有着密切的关系，对于高档贴体服装，如何能够正确体现背部曲线是成衣质量的重要因素。对于女式合体外套，由于背部浑圆且曲度明显，因此一般在后衣片的肩部设立肩省。

（5）胸部：由于乳峰高高隆起，使得女性胸部呈圆锥形。女性的乳峰形体特征决定了胸省、胸褶等女装结构的特有形式。胸部的设计是成年女子服装设计的关键，女装的风格在一定程度上取决于胸部的形态显现特征和造型。对于丰乳细腰造型和少女造型，前者省缝量大，省尖位置偏低；后者省缝量小，省尖位置偏高。

（6）腰腹部：女性腹部浑圆，相对男性较宽。腹部有重要的服装设计因素——腰身。通常认为人体腰的位置是腹部最细的地方。服装腰身的位置，则是随着时代背景、流行趋势等因素不断变化的，腰身位于乳房区域附近的为高腰式，位于髋骨区域附近的为低腰式。如何合理运用腰身位置的变化，松量的加放，以及装饰设计效果，是进行服装设计不可忽视的重要内容。一部分中年人，由于腹部脂肪集聚过多，形成明显的大腹体形。在前裤片的裁剪过程中，要对其前裆线，沿臀围线方向进行适量加放。

（7）下肢：女性臀宽且大于肩宽，后臀外凸明显，呈球面状。臀部的外凸使得裤子的后裆宽大于前裆宽；后裆线为斜线，斜度与臀斜角一致。女性宽臀与细腰之间的围度差是下装产生褶裥和省道的主要原因。

臀部股关节是日常生活中运动较多的部位，在运动时产生的尺寸变化较大，特别是在坐姿向前屈身时最大，一般平均7cm，个别达到9cm。因此在设计下装时，必须要考虑臀部的放松量。

三、成衣规格的制定方法和表达方式

量体所得的尺寸均为净尺寸，在确定服装规格时，多数围度部位需要加放尺寸，即放松量。放松量的加放值可大可小，体现在服装形态效果上，有紧身、合体、半合体、半松体、松体、特松体等区别，它是决定服装造型的基本要素。净尺寸加松量之和等于成品规格，如净胸围84cm，成品胸围102cm，即胸围总放松量为18cm（表5-4~表5-6）。

表5-4　内装厚度　　　　　　　　　　　　　　　　　　　　　　单位：cm

服装品种	衬衫	薄毛衫	中厚毛衫	厚毛衫	毛衣	棉衣	厚棉衣
厚度	0.1	0.2	0.3	0.4	0.5	1	1.5
放松量	0.63	1.26	1.9	2.5	3.14	6.3	9.4

表5-5　服装胸围放松量设计参考　　　　　　　　　　　　　　　　单位：cm

胸围加放尺寸=人体基本活动放松量+内层衣服放松量+服装款式造型放松量			
人体基本活动放松量	内层衣服放松量	服装款式造型放松量	
型×（10%~12%）	2π×内层衣服厚度	紧身型	-4~-6
		合体型	-2~2
		较合体型	2~6
		较宽松型	6~10
		宽松型	12以上

表5-6　服装其他部位放松量设计参考　　　　　　　单位：cm

款式 部位 季节	夏季			春秋季			冬季		
领围	立领	翻领		立领	翻领		立领	翻领	
	2～3	3～5		5	6～8		8～10	10～12	
肩宽	紧身型	合体型	宽松型	紧身型	合体型	宽松型	紧身型	合体型	宽松型
	-2～-1		2～4	0	1～2	4以上	1～2	2～4	6以上

注　无领、无袖根据款式造型可任意设计。

第二节　女装制板方法

女装制板的方法很多，每一种制板方法都各有优、缺点，大致可分为平面制板和立体制板两大类。

一、平面制板

服装平面制板是利用公式、数据等在图纸或者布料上直接绘制衣片外轮廓线的制板方法。经常使用的有公式比例法、原型法、基型法，它们既各有特点，又相互联系。

1. 公式比例法

公式比例法是我国目前应用较多的一种服装裁剪制图方法。是将测量后所得的人体各个部位的尺寸，主要是围度规格尺寸，按既定的比例关系来推导其他控制部位尺寸的制图方法。公式比例法有三分法、六分法、八分法、十分法等多种形式。

公式比例法的特点，是在服装结构制图中，某些部位的尺寸不是通过直接测量人体而得到的，而是依据某几个重要的部位，通过一定的比例关系计算而来。这种方式适合各种着装者的体型，且灵活、实用、简便，缺点是作图计算较多，相对比较麻烦，出错率较高。

2. 原型法

原型是原型法平面制图的基础，是以人体主要控制部位的净体尺寸为依据，加上一定的放松量，运用比例法计算绘制的基本结构板样。原型有多种分配，按性别和年龄可分为女装原型、男装原型、童装原型，按人体结构可分为上身原型、下身原型和手臂（袖子）原型。

原型法的特点在于原型依据服装款式和面料而变化，原型适合款式变化复杂，分割较多的服装，依附人台，完成制图。

3. 基型法

基型法作用的基型是在原型基础上进行适当修正而成。基型法所用的基型是某一特定类型服装的基础样板，如上衣基型、内衣基型、外衣基型等。

原型法不同于基型法，主要在于原型法的规格尺寸是人体的净尺寸加上一定的放松量，而基型法的规格尺寸是某一特定服装的基本成衣尺寸。

二、立体制板

立体裁剪是区别于服装平面制图的一种裁剪方法，是完成服装款式造型的重要手段之一。服装立体裁剪在法国称之为"抄近裁剪（Cauge）"，在美国和英国称之为"覆盖裁剪（Dyaplag）"，在日本则称之为"立体裁断"。它是一种直接将布料覆盖在人台或人体上，通过分割、折叠、抽缩、拉展等技术手法制成预先构思好的服装造型，再从人台或人体上取下布样在平台上进行修正，并转换成服装纸样再制成服装的技术手段。在女装制板中，平面裁剪和立体裁剪均广泛被运用。

第三节　系列女装制板案例

本节以《瑰语》系列——图5-2、图5-3为例来说明制板操作过程。

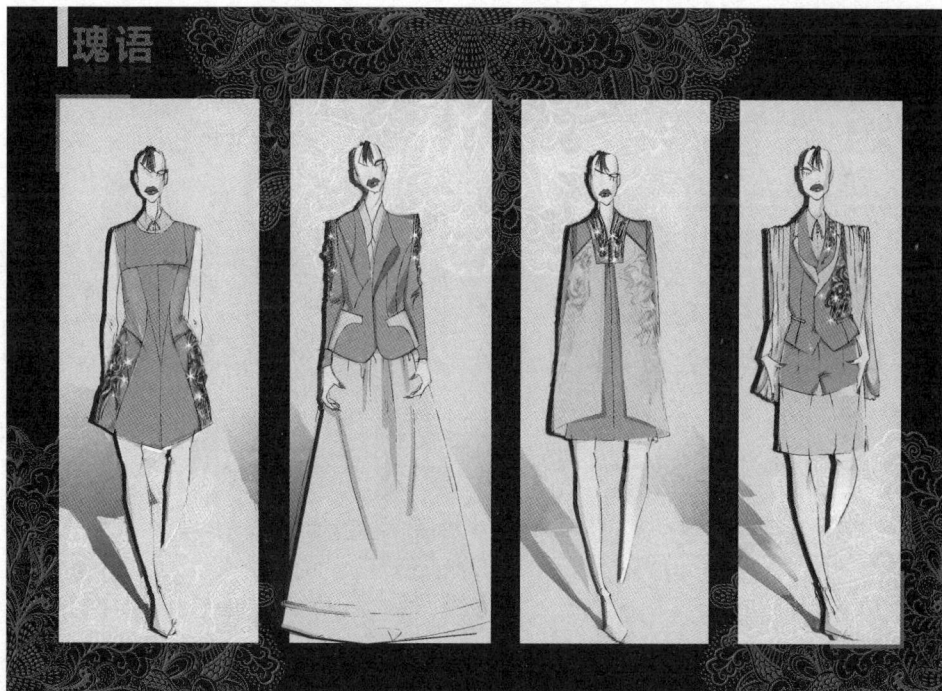

图5-2　《瑰语》系列女装设计效果图

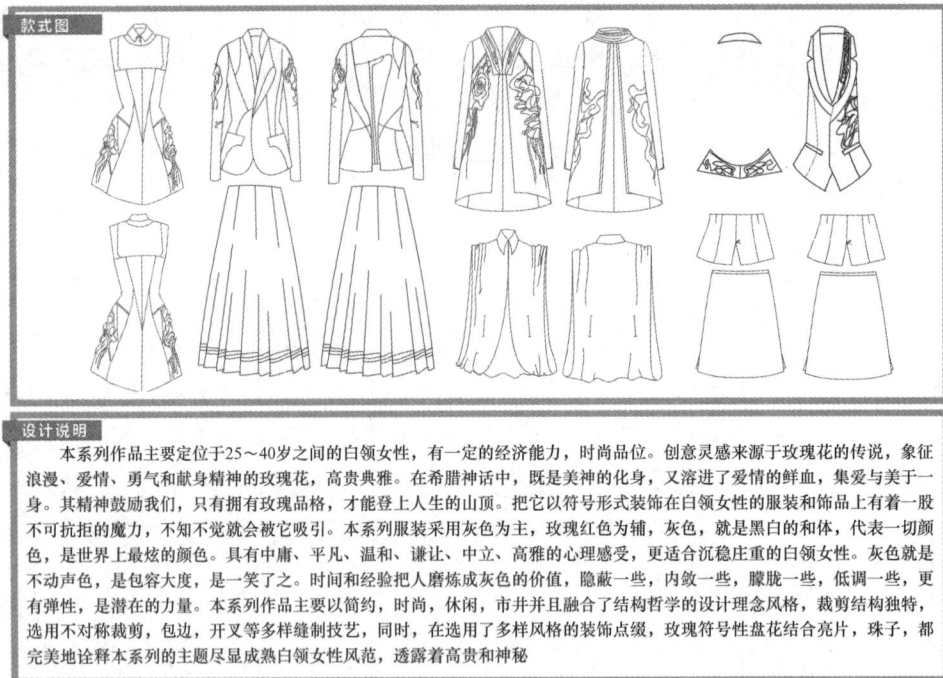

图5-3　《瑰语》系列女装设计款式图及设计说明

款式一、修身分割长裙

1. 款式说明

衬衫领与无袖连衣裙结合，体现出空间感和层叠感。胸部与腰部采用独特分割、裙摆放量与腰部收量形成对比，体现女性S型曲线，裙片侧下摆部分进行面料团花设计，贴合设计主题（图5-4）。

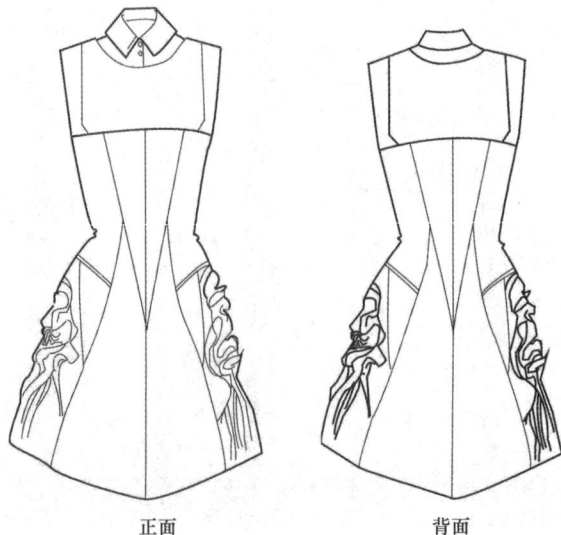

正面　　　　　　　　背面

图5-4　修身分割长裙款式图

2. 修身分割长裙成品规格

根据款式特点，结合面料缩率和工艺耗损，设定裙长为85cm（下摆折进量5cm），胸围加4cm放松量，腰围加2cm放松量，设定成品规格如表5-7所示。

3. 修身分割长裙制板（图5-5、图5-6）

表5-7 修身分割长裙成品规格　　单位：cm

号型	领围（N）	裙长	胸围（B）	腰围（W）	肩宽	领高
160/84A	41	85	88	70	48	4.5

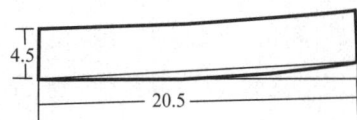

图5-5 修身分割长裙衬衫领结构图

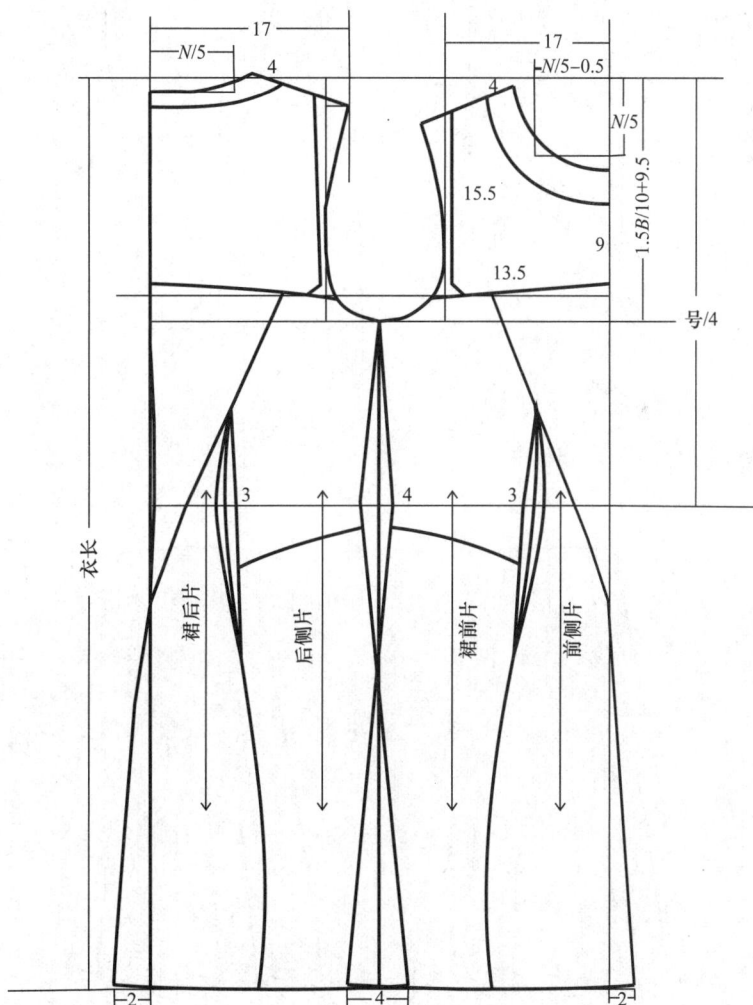

图5-6 修身分割长裙裙身结构图

款式二、修身外套与百褶长裙

1. 款式说明

修身、经典廓型、腰线明显的小外套，嵌条牙子的运用展现款式的精致。肩部层叠造型与口袋透叠设计相呼应。衣身中大量运用分割、裥、不对称造型，使款式独特，肩袖部团花设计。下装及踝百褶长裙，采用欧根纱面料，塑造百褶大摆蓬裙质感，至摆底5cm处三层塔克褶，增加裙子的重量感与层次感（图5-7、图5-8）。

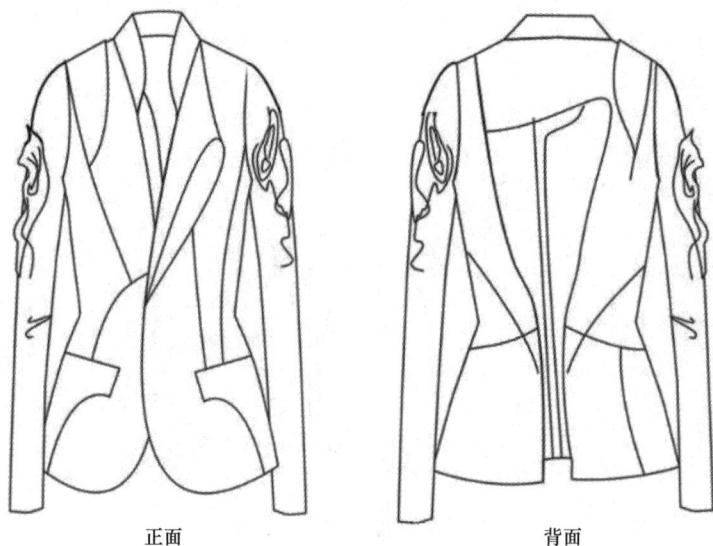

正面　　　　　　　　　　背面

图5-7　修身外套款式图

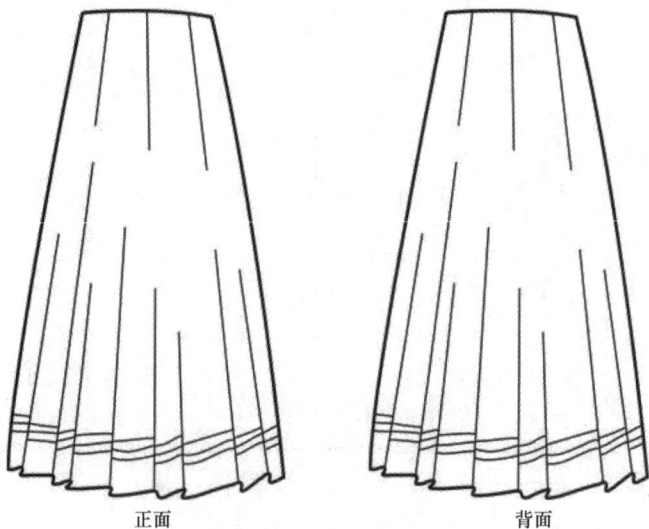

正面　　　　　　　　　　背面

图5-8　百褶长裙款式图

2. 修身外套与百褶长裙成品规格

结合面料特性缩率和工艺耗损，设定修身外套的衣长59cm，胸围加放松量6cm，即90cm。下装为百褶长裙，裙长95cm，腰围不加放松量，设定成品规格如表5-8所示。

表5-8　修身外套与百褶长裙成品规格 单位：cm

号型	衣长	胸围 (B)	肩宽 (S)	领围 (N)	袖长	裙长	臀围 (H)	腰围 (W)
160/84A	59	90	40	36	54	95	96	68

3. 修身外套制板（图5-9～图5-11）

（1）前后片制板分解：

①根据款式图先作出衣身的基本轮廓结构，再作出袖子等零部件的结构。

②根据款式特点，确定前后衣身不对称分割设计。

③确定口袋的位置和规格。

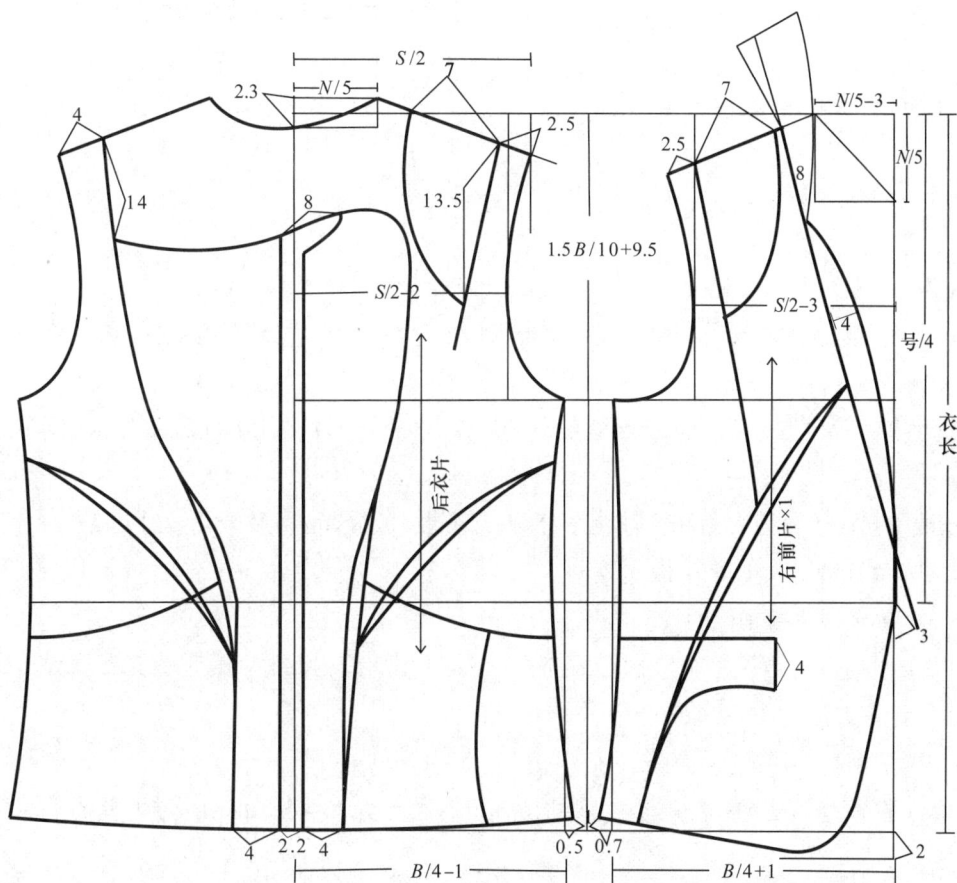

图5-9　修身外套右前片及后片结构图

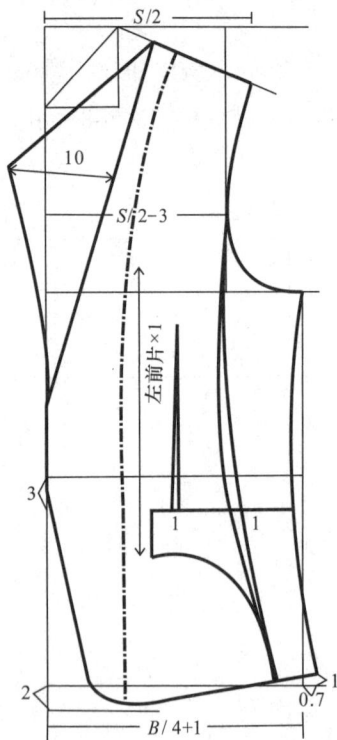

图5-10 修身外套左前片结构图

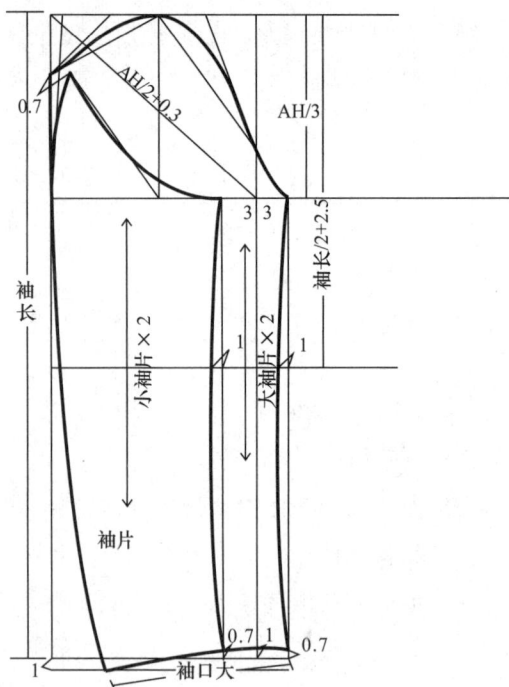

图5-11 修身外套袖片结构图

（2）样片分割与放缝：

①前片：前片为不对称设计，左前片分割为三片，右前片分割为四片，前片除下摆放缝4cm，其余放缝均为1cm。

②后片：后片也为不对称设计分割，加后贴片共分14片，除下摆放缝4cm，其余放缝均为1cm。

③袖子：袖子分为大袖和小袖两个部分，除袖口放缝4cm，其余均放缝1cm。

4. 百褶长裙制板（图5-12）

（1）褶裥数及褶裥量的计算。

（2）褶裥数：裙子每个褶裥相隔为3～4cm，此款设为4cm。然后根据臀围大小确定褶裥数，计算方法为H/4=24cm。

（3）褶裥量：褶裥量为5cm。

（4）腰臀差的处理：根据规格尺寸得知，臀腰差为96-68=28cm，腰臀差要平均到每个暗裥里。

（5）前后中褶裥量的设计：由于采取一半制图的方法，图中前后中心线为点画线，所以前后中的褶裥量为2.5cm。

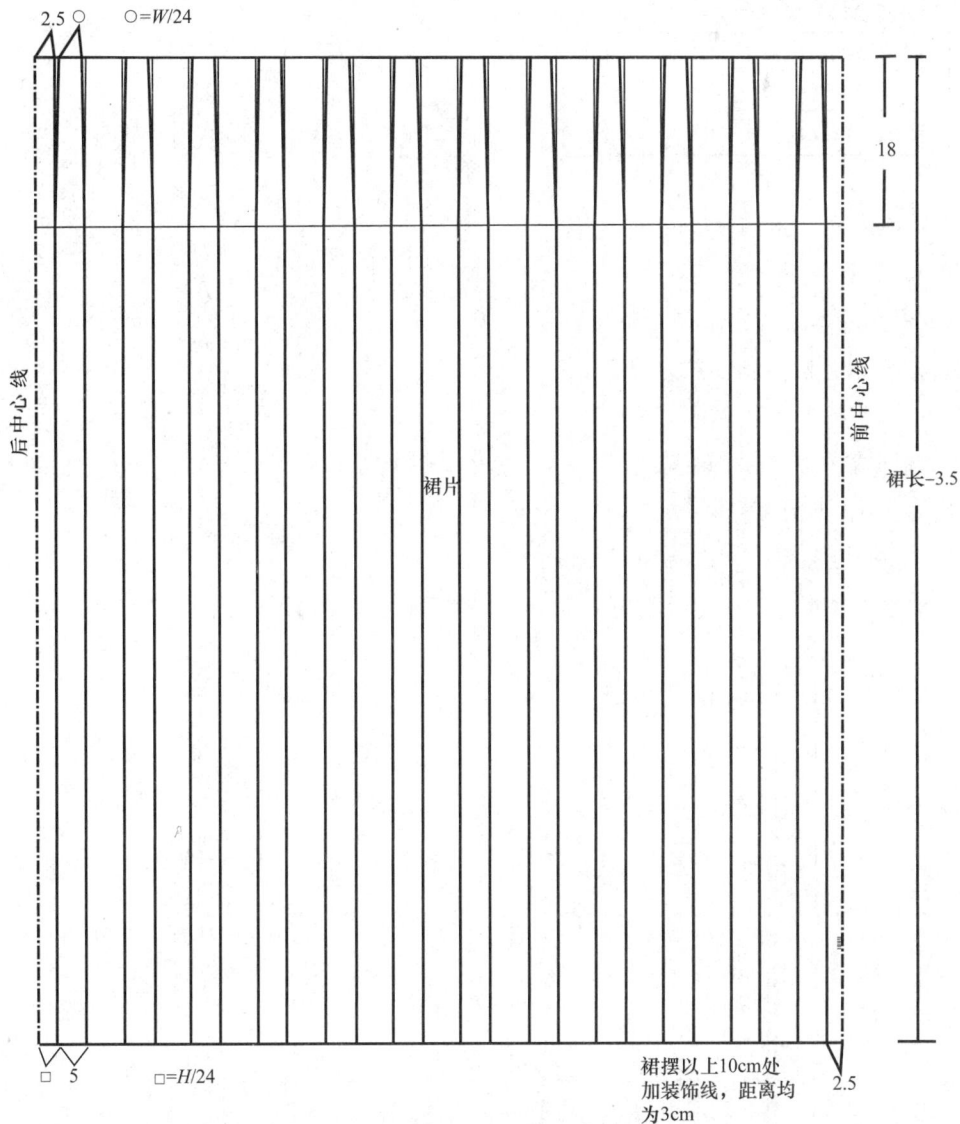

2.5 ○   ○=W/24

18

后中心线

裙片

前中心线

裙长-3.5

□ 5   □=H/24

裙摆以上10cm处加装饰线，距离均为3cm

2.5

图5-12 百褶长裙结构图

款式三、箱式大衣

1. 款式说明

韩式领口设计肌理，创意的粉色小拉链设计，合体肩部设计体现身材的娇小，胸部、背部衣片前后采用团花肌理拼贴设计，欧根纱层叠覆盖，既体现大衣的挺括感又有飘逸的柔美感（图5-13）。

2. 箱式大衣成品规格

结合面料特性缩率和工艺耗损，设定衣长为85cm，服装为A字型，故腰围尺寸不计，胸围加放松量4cm。设定成品规格如表5-9所示。

表5-9　箱式大衣成品规格　　单位：cm

号型	衣长	胸围（B）	袖长（SL）	肩宽（S）	领围（N）
160/84A	85	88	56	40	39

3．箱式大衣制板（图5-14、图5-15）

（1）根据基本款式先作出衣身的基本轮廓解构框架，然后作出袖子等零部件结构。

（2）根据款式特点，确定前后片下摆加大量为4cm，形成A字板型。

（3）根据服装款式，绘制前片领口，改变横直开领尺寸，确定领型宽度为6cm，领长距袖窿深线4.5cm。

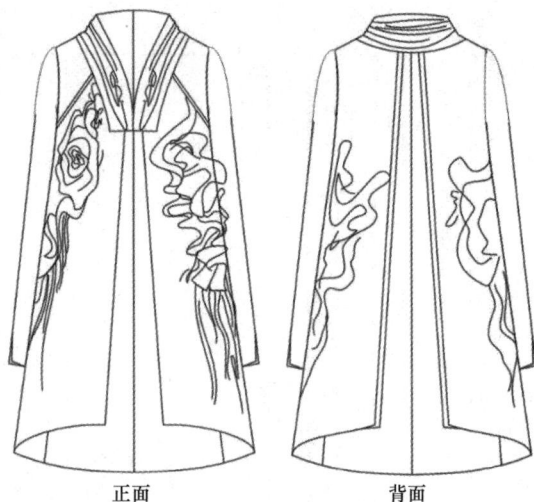

正面　　　　　背面

图5-13　箱式大衣

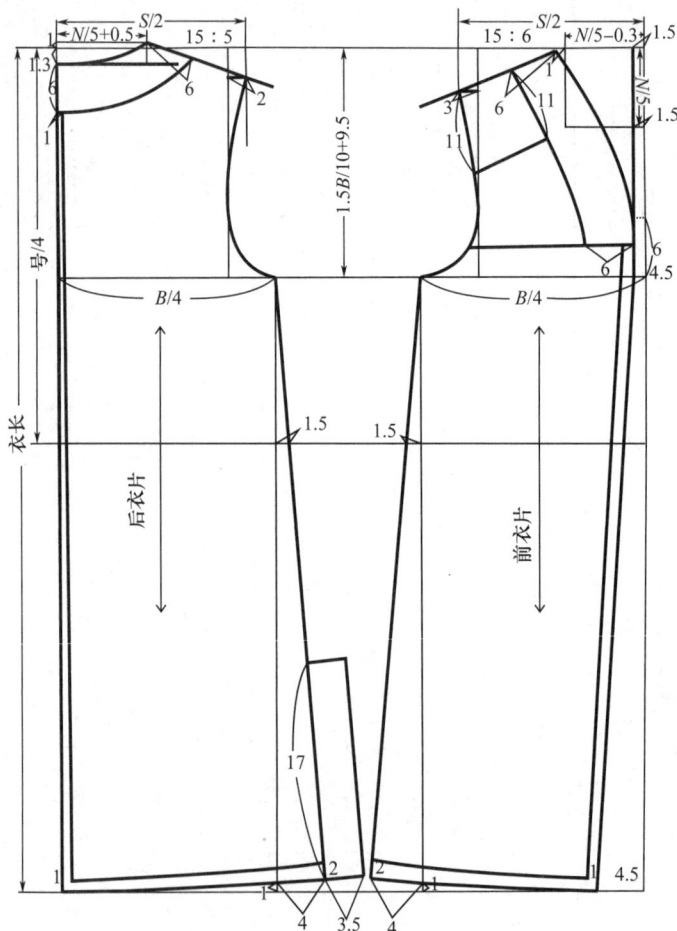

图5-14　箱式大衣前后片结构图

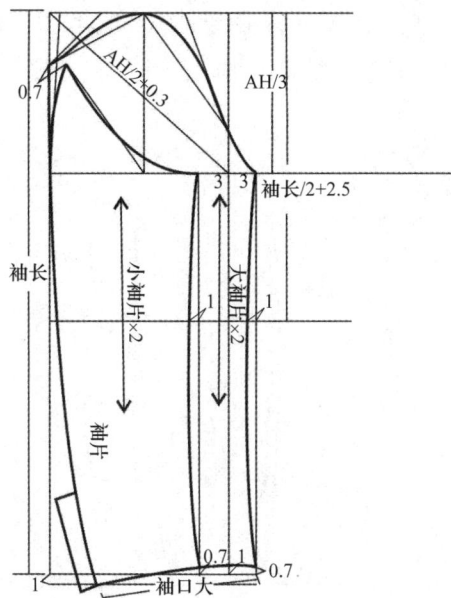

图5-15　箱式大衣袖片结构图

（4）根据服装款式，设计前后片分割线。

（5）袖子为两片袖设计，袖口有开衩。

款式四、马甲套装

1. 款式说明

（1）双层领马甲：双层西装领造型，后腰部弧线分割设计，并配合团花肌理装饰设计，塑造修身装饰效果（图5-16）。

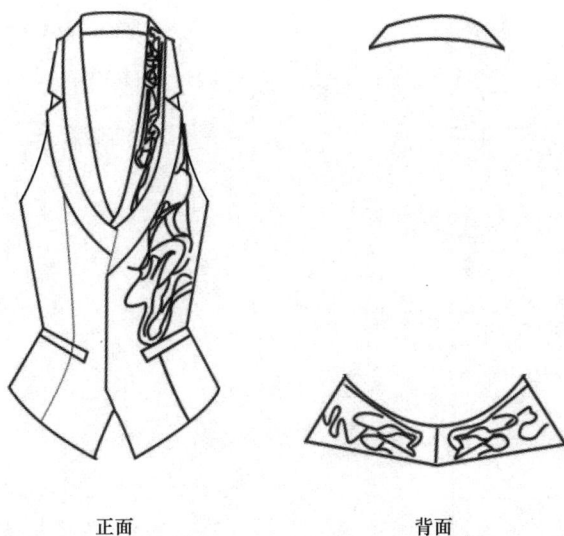

正面　　　　　　　　背面

图5-16　双层领马甲

（2）丝绵连身袖衬衣：传统领型，采用连袖式创意衣身，肩部缩褶处理，垫肩塑造夸张造型，底摆拼合、侧缝不缝合、敞开式袖型。前后衣身腰部留口用于马夹的穿插（图5-17）。

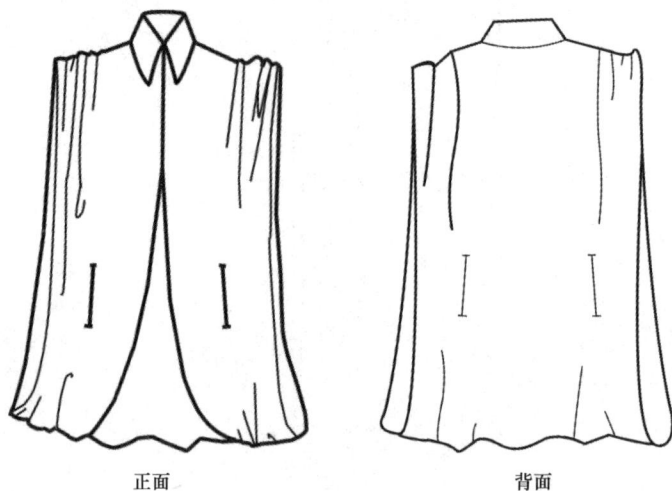

正面　　　　　　　　　　背面

图5-17　丝绵连身袖衬衣

（3）短裤：低腰设计，前后片分割，前后各两个省道（图5-18）。

（4）透明纱裙：外穿于短裤之外，窄腰设计，左右开侧缝（图5-19）。

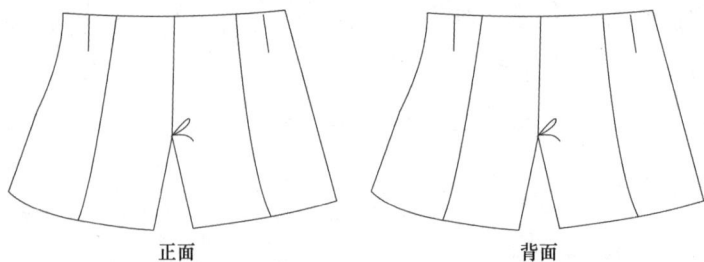

正面　　　　　　　　　　背面

图5-18　短裤

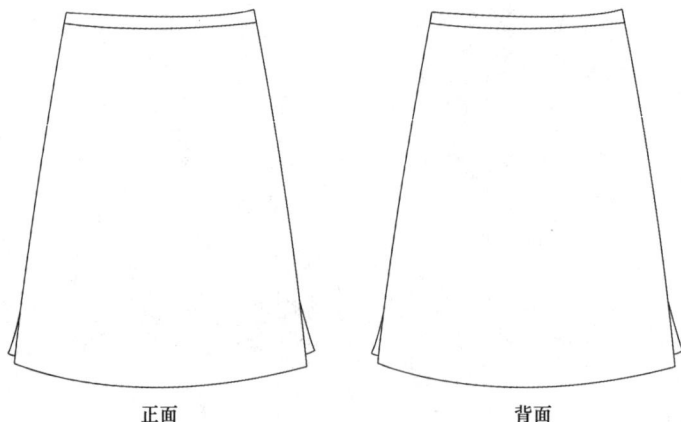

正面　　　　　　　　　　背面

图5-19　透明纱裙

2. 马甲套装成品规格

（1）双层领马甲：根据服装款式，结合面料特性缩率和工艺损耗，设定基本衣长为52cm，胸围加放4cm，腰围与胸围差保持在12～16cm。

（2）丝绵连身袖衬衣：立体裁剪，人台规格为160/84A。

（3）短裤：根据服装款式，结合面料特性缩率和工艺损耗，设定基本裤长为33cm，腰围加放2cm，臀围加放4cm，即88cm+4cm=92cm，设定成品规格如表5-10所示。

表5-10　马甲套装成品规格　　　　　　　　　　　　　　单位：cm

号型	衣长	胸围（B）	腰围（W）	臀围（H）	肩宽（S）	领围（N）	裤长	上裆
160/84A	52	88	70	92	40	39	33	27

3. 马甲套装制板

（1）双层领马甲（图5-20）。

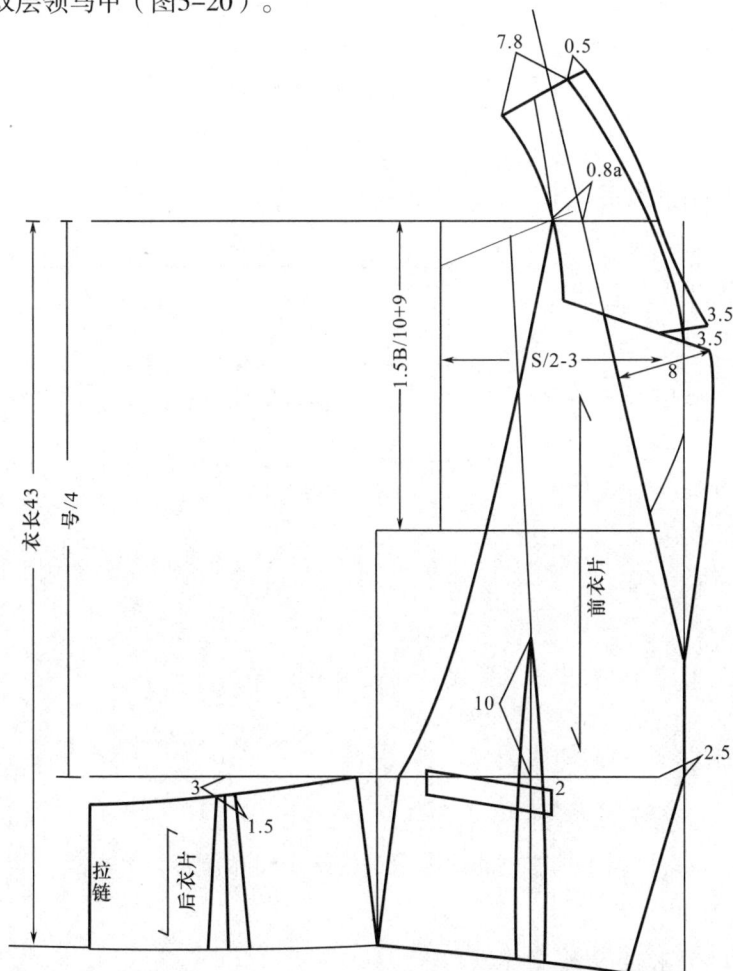

图5-20　双层领吊带马甲结构图

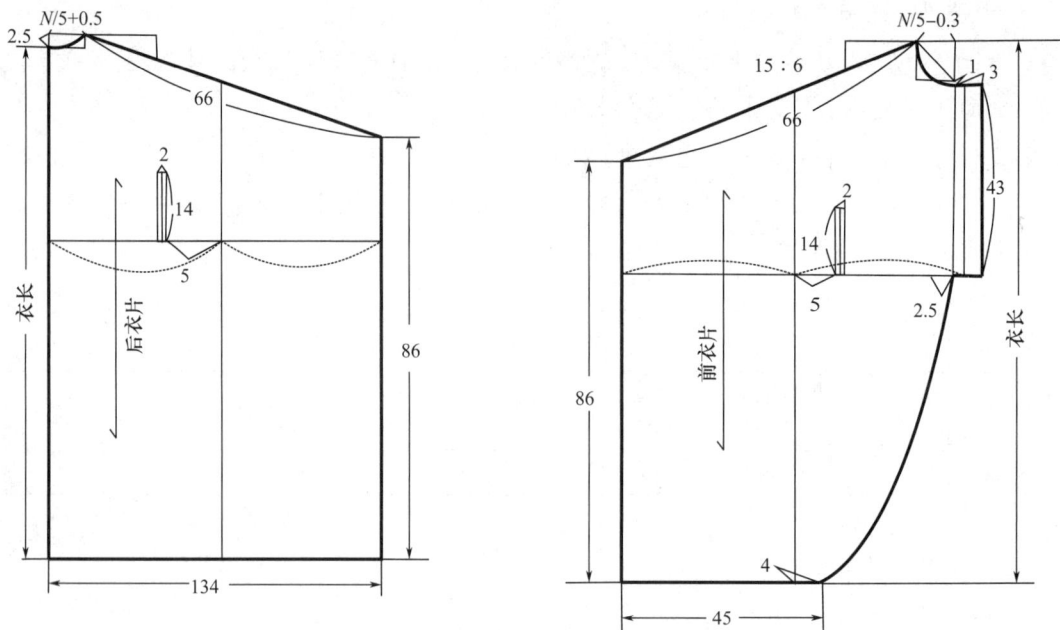

图5-21　丝绵连身袖衬衣立裁平面图

①根据款式先作出基本双层领马甲款式。

②确定前片横开领与直开领的变化量。

③根据体型及款式，设计衣身整体省道量。

④根据服装特点，确定前片双层领的相关长度、宽度。

⑤根据款式需要，确定口袋的规格和位置。

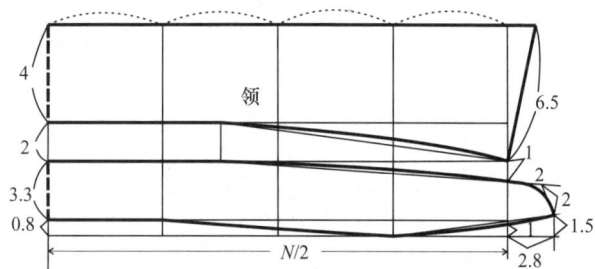

图5-22　丝绵连身袖衬衣领子结构图

⑥根据款式特点，完成后片款式变化，确定相关尺寸。

（2）丝绵连身袖衬衣（图5-21、图5-22）。

①此款服装大体为立体裁剪制作。

②根据款式，完成翻领制板。

③根据丝绵连身袖衬衣款式加放前片叠门量，确定纽扣位置与大小。

（3）短裤（图5-23）。

①根据裤子规格先作出基本型样板。

②根据短裤款式图在基本裤型上作出裤子前后外轮廓线、内部结构分割线和省道。

（4）透明纱裙（图5-24）

①根据裙子规格先作出基本型样板。

②根据裙子款式图在基本裙型上标记出裙摆开衩位置。

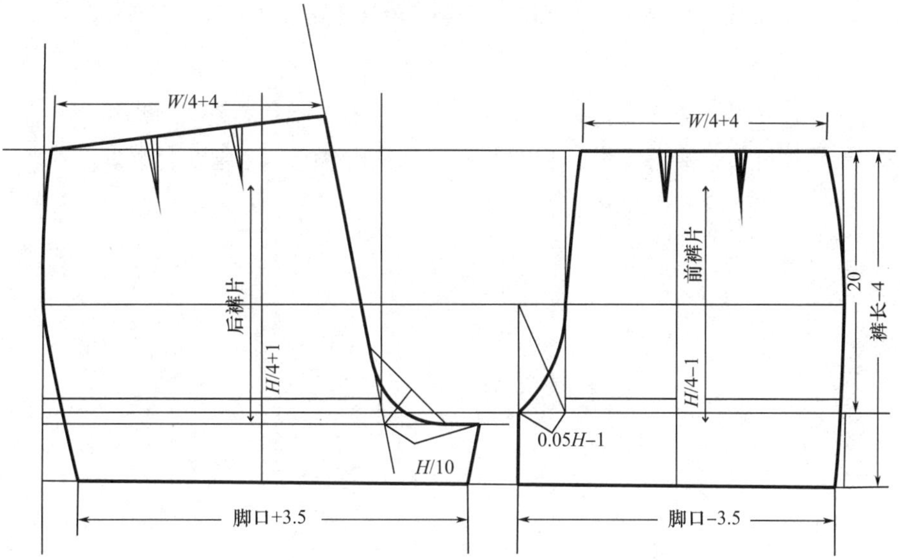

图5-23 短裤结构图

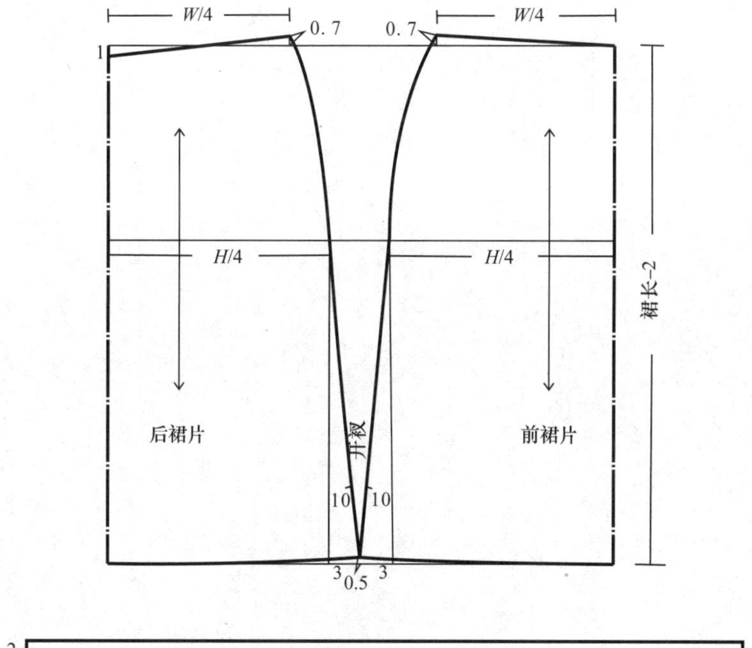

图5-24 透明纱裙结构图

思考与练习

1. 手绘纸样设计，在八开纸上按1∶3的比例绘制系列女装纸样。

2. CAD软件纸样设计，按1∶1的比例绘制系列女装纸样。

制图要求：

（1）制图符合款式图要求，结构合理，造型完美，符合人体活动规律

（2）轮廓线清晰，线条流畅，局部结构与整体结构比例合理、协调。

（3）准确标明各部位数据和相关符号。

系列女装制作工艺

过程内容： 1．女装制作工艺基础

2．系列女装制作工艺

过程课时： 60课时

教学目的： 1．能够掌握女装技术项目工艺部分的课程内容。

2．能够掌握制作工艺基础知识。

3．熟练操作服装制作工艺。

4．培养学生理论联系实际的能力。

5．培养学生敏锐的洞察力。

6．培养学生的自学能力。

7．培养学生的资料整合和分析能力。

8．培养学生团队合作的能力。

教学方式： 讲授、案例、引导启发、小组讨论、多媒体演示。

教学要求： 1．以讲授为主，通过案例讲解，引导自主学习。

2．下达设计任务书，明确任务。

3．制订工作计划，分组工艺制作，完成系列服装样

衣制作。

课前准备： 1．通过多种媒介获取相关资料。

2．服装制作工艺知识预习。

过程六 系列女装制作工艺

第一节 女装制作工艺基础

一、服装裁剪基础

1. 服装材料的预处理

服装材料加工时，由于加工手段不同或纤维材料的性能不同，在织物内部存在着不同的应力和其他病疵，如果在裁剪前不消除这些情况，将会不同程度地影响服装成品形态的稳定性能、穿着性能和产品的外观质量。材料的预处理是消除和纠正这种影响的一道必要工序，所以，在裁剪前必须对服装材料，主要是面料、里料、衬布等进行充分的预缩和良好的整理。

（1）服装材料的预缩：服装材料在生产过程中要经过制造、精炼、染色、整理等各种形式处理，在各道工序中所受的强烈机械张力将导致织物呈纬向收缩、经向伸长的不稳定状态，使织物内部存在各种应力及残留的变形。根据纤维和材料的不同，这些变形特征各异。因此，在裁剪前要消除或缓和这些变形的不良因素，使服装成品的变形降低到最小限度。由于材料中存在的变形因素不同，预缩的方法也不同。服装材料的预缩方法主要有四种。

①自然预缩：织物性服装材料在生产加工、包装、叠放时需在一定的张力下进行，服装厂在正式生产前，应给予充分预缩，通常可在开包理松的情况下静放一定时间，以消除内应力产生的织物自然回缩，特别是弹性服装材料，更应充分预缩。

②湿预缩：对于吸湿性、吸水性较好的服装材料，在正式投产前一定要进行湿预缩。棉、麻、丝及黏胶织物应进行浸水干燥预缩，毛织物可采取喷湿预缩，合成纤维织物一般不进行湿预缩。

③热预缩：对于合成纤维纺织而成的织物，由于合纤纺丝加工织物织造过程中的处理，此类织物材料虽湿缩较小，但热缩较大，因此，在投产前应进行热预缩。热预缩处理可用熨斗加热，滚筒加热、烘房加热等方法进行热预缩，同时亦可对织物进行表面平整处理。服装企业若有连续黏合机，其工作幅宽允许，也可用黏合机进行热预缩。

④汽蒸预缩：有条件的服装厂可采用汽蒸式预缩机进行预缩，该类预缩机可分为呢毯式和橡胶毯加热承压辊式两种。汽蒸预缩是将湿预缩与热预缩组合一体的预缩方式，同时

还具有平整布面的作用，可谓一举两得。

随着纺织印染企业产品质量的不断提高，许多纺织印染企业生产的织物，在出厂前都进行了预缩处理。因此，服装企业可望取消织物预缩整理的要求，只需自然预缩即可。

（2）服装材料的整理：服装材料在检验后会发现很多疵点或者缺陷，如纬斜、疵点、断线、缺经等，如能够通过整理工序给予修正和补救，对提高成衣的质量，提高材料的利用率，降低成本是很有必要的，整理包括织补和整纬两个方面：织补是指对面料存在的疵点，用人工方法按织物组织结构给予修正。整纬是指对于纬斜超过国家技术规定的面料，需要进行整纬，既可用整纬装置进行矫正（批量生产）；也可用手工矫正（单件服装生产）。

2. **排料**

排料，又称排板，是指将服装的衣片样板在规定的面料幅宽内合理排放的过程，即将纸样依工艺要求形成紧密啮合的不同形状的排列组合，最经济地使用服装材料，降低产品成本。通过排料可知道用料的准确长度和样板的精确摆放次序，使铺料和裁剪有所依据。所以，排料对服装材料的消耗、裁剪的难易、服装的质量都有直接影响，是一项技术性很强的工艺操作。排料时应注意的原则：

（1）保证设计要求：这一原则主要用于有花型面料的排料中。当设计的服装款式对面料的花形有一定的要求时（如中式服装的对花、条格服装的对条格等），排料的样板便不能随意放置，必须保证排出的衣片在缝制后达到设计要求。

（2）符合工艺要求：服装进行工艺设计时，对衣片的对称性、对位标记、裁剪设备的活动范围、面料的方向性等都有严格的规定，一定要按照要求准确排料，避免不必要的损失。

①衣片的对称：服装上许多衣片具有对称性，如上衣的大身、裤子的前后片等，一般都是左右对称的两片。在制作样板时，这些对称衣片通常只绘制出衣片样板。排料时要特别注意将样板正、反各排一次，使裁出的衣片一左一右，避免出现"一顺"现象，另外，对称衣片的样板要注意避免漏排。

②适当的标记：在排料图上，每一块样板都应标有其所属服装的尺码、款号，还要有样板名称和对位刀眼、丝缕方向等记号。

③裁剪设备的活动范围：排料时应注意，样板间要留有适当的位置让裁刀顺利地裁割弯位和角位，否则易导致衣片尺寸不正确。

④面料的方向性：

a. 面料的经向和纬向：许多面料的经、纬纱向的性能有所不同。通常，沿经向拉伸变形小，而沿纬向拉伸变形较大。不同服装款式在用料上根据设计要求有直料、横料及斜料之分。因此，在服装样板上，各衣片一定要注明经纱方向，使排料人员有明确的技术依据。

b. 面料的表面状态：有的面料沿经向或沿纬向，其表面状态具有不同的特征和规律。

• 毛绒面料：沿经纱方向毛绒的排列具有方向性，即所谓的"倒顺毛"。从不同角度观看时，其色泽、光亮程度以及手感都不同，在排料时要保证排出的各衣片绒毛方向一致。

• 条格面料：从不同方向观看该类织物，其条格排列及布局会有一定差别，排料时必须考虑款式设计的要求。

• 图案面料：有些面料的图案具有方向性，如花草、树木、动物、建筑物等。排料时若不注意其方向性，有可能出现动物、建筑物等上下倒置现象，或出现两个前片图案方向一致，但与后片的方向不一致等疵病。

（3）遵循节约要求：服装的成本很大程度上取决于布料的用量多少。所以，在保证设计和工艺要求的前提下，尽量减少布料的用量是排料时应遵循的重要原则。多年来，服装企业已总结出一套行之有效的经验："先大后小、紧密套排、缺口合并、大小搭配"。此外，排料时也应注意以下几点：

①排料图总宽度比下布边进1cm，比上布边进1.5~2cm为宜，以防止排出的裁剪图比面料宽，同时，可避免由于布边太厚而造成裁出的衣片不准确。

②排料后应复查每片衣片是否都注明规格、经纱方向、剪口及钉眼等工艺标记。

以上是服装在排料时应注意的一些事项和原则，只有遵循这些基本原则，才能在符合要求的基础上，最经济地使用布料，已达到降低产品成本的目的。

3. 划样和裁剪

（1）划样：排料结束后，要清点样板的数量并在面料上划样，要求线条清晰、细匀顺畅，线位应紧贴样板边缘，无双道线，画具质量要好，粉印薄，深浅得当，防止污染面料。

（2）裁剪：划样完毕，就可以用剪刀沿面料上的粉印进行裁剪。首次接触裁剪的人来说，要注意以下几点：

①剪刀刀口要锋利、清洁。

②裁剪台保持平整。

③裁剪操作时，左右手要相互配合。

④裁剪应严格按照划粉线进行，要求刀路顺直流畅。

目前，成衣生产过程中划样工序由服装CAD系统完成，裁剪常用的是半自动化的各类手推裁剪机、高速运动的裁刀和激光自动裁剪系统。随设备与技术的创新生产工艺也在不断改变。

二、女装缝制工艺基础

女装缝制工艺主要可分为手缝工艺和机缝工艺。

1. 手缝工艺

手缝针法是传统服装工艺的基本要求，也是掌握各种服装工艺的基础。初学缝纫，需要练习使用手针及顶针箍（指箍），学会手缝的基本针法，来训练两个手指，使其能协调配合，掌握引线的松紧度，提高手缝的熟练程度，然后逐步掌握手缝的各种针法。常见手缝针法：

（1）绗针（扎针）：是中国传统手针工艺的基本针法之一，有长绗针、短绗针之分，见图6-1。

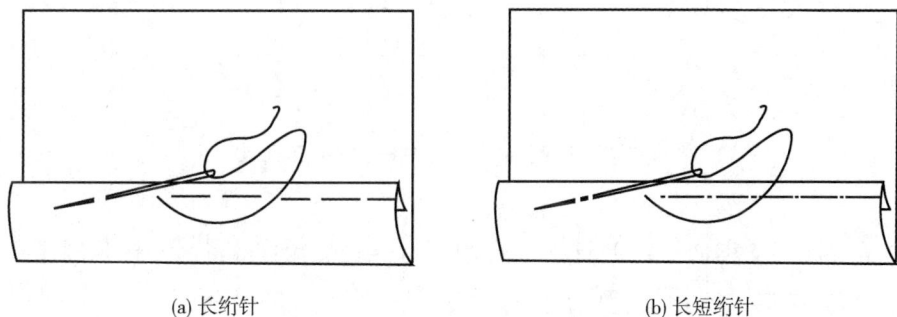

(a) 长绗针　　　　　　　　　　　　　(b) 长短绗针

图6-1　绗针

①长绗针：用于两块或以上布料的临时固定等，起针时线不打结，由右至左，以3cm左右长（根据需要）的针距运针。长绗针亦有众多变化，如正面长，反面短；正反面短，中间长。

②短绗针：是固定布料等的基本针法。针法亦由右至左，以1cm2~4针（通常2.5针）的针距运针。

③长短绗针：此针法综合了长绗针与短绗针的特点，以一长一短的针迹运针。多用于临时缝合布料、打线丁，如图6-1、图6-2所示。

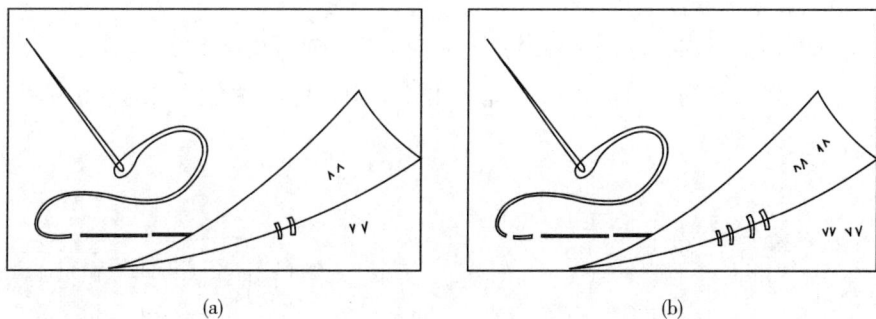

(a)　　　　　　　　　　　　　　　(b)

图6-2　打线丁——用白棉纱线在衣片上做出缝制标记

（2）缲针：

①明缲针：又称扳针。以直针斜线浅挑，针迹为斜势，故亦称其为斜针。由右至左运针，以正面的线迹小而整齐为好，且线的色彩宜与面料相近，多用于固定服装的贴边和袋夹里等，如图6-3所示。

②暗缲针：又称暗针。正面不露针迹，亦有正反面均不见针迹的，它同样用于服装的贴边等处，如图6-4所示。

(a)   (b)

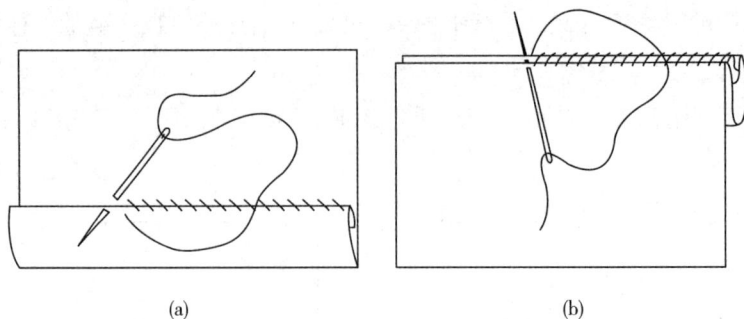

图6-3　明缲针——缝线略露在外面的针法

（3）倒针：又称回针。此针法为先向前运一针（约0.6cm），然后倒退一针（约0.3cm），依此类推。多用于易受力部位，如拉链等处，如图6-5所示。

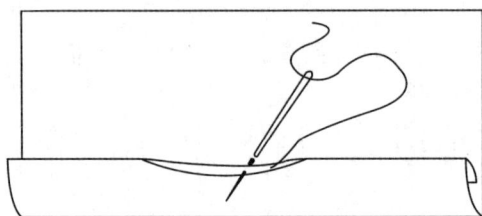

图6-4　暗缲针——线缝在底边缝口内的针法　　　　　图6-5　倒针

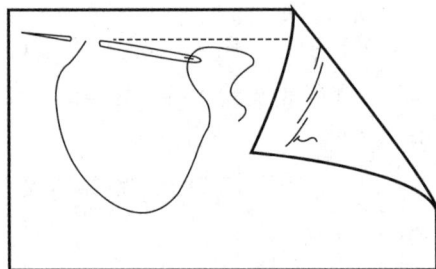

（4）倒钩针：俗称扣针，又称缉针。先向前运一针（针迹约0.3cm），然后后退一针（约0.9cm），针迹略为斜势。由于此针法比较牢固，所以拼合裤后缝、装袖窿时常用，如图6-6所示。

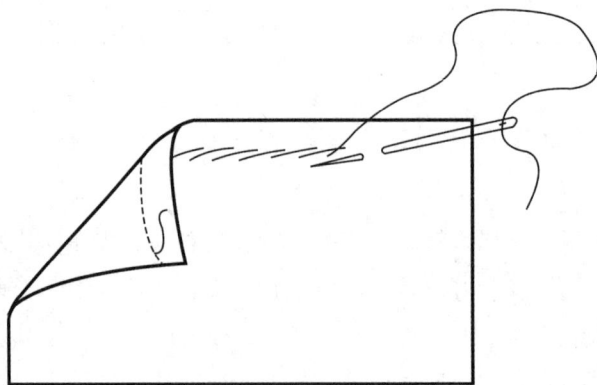

图6-6　倒钩针

（5）三角针：亦称花绷，俗称狗牙针。用于拷边后固定衣服的袖口边、底边及裤边也可用作装饰，还可用于商标边沿等。从左至右运针，正面不露线迹，反面针迹呈交叉之势，如图6-7所示。

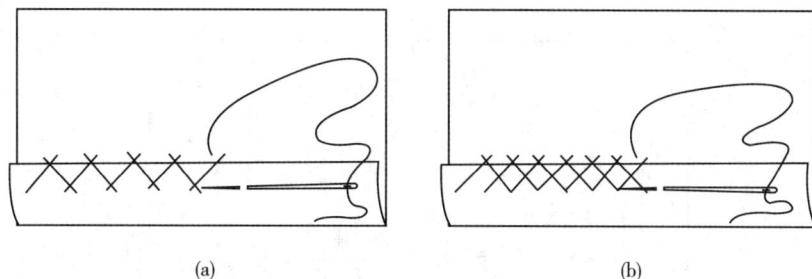

图6-7 三角针

（6）锁边针：亦称包边针、锁针，是修饰布料毛边、防止松散的常用针法，亦可用于贴布。先横挑针，再竖挑针，缝线从竖挑针下穿过，以此重复至所需长度。锁边针可以有多种变化形式，如图6-8所示。

（7）套结针：用于服装的开衩、拉链、插袋的止口处等。针迹长0.6~1cm，先横挑2或3道线，再自上而下于线后插入竖线，套线上抽，重复至横挑线长度，竖线线迹需密而整齐，如图6-9所示。

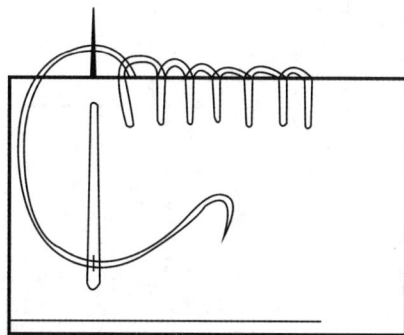

图6-8 锁边针

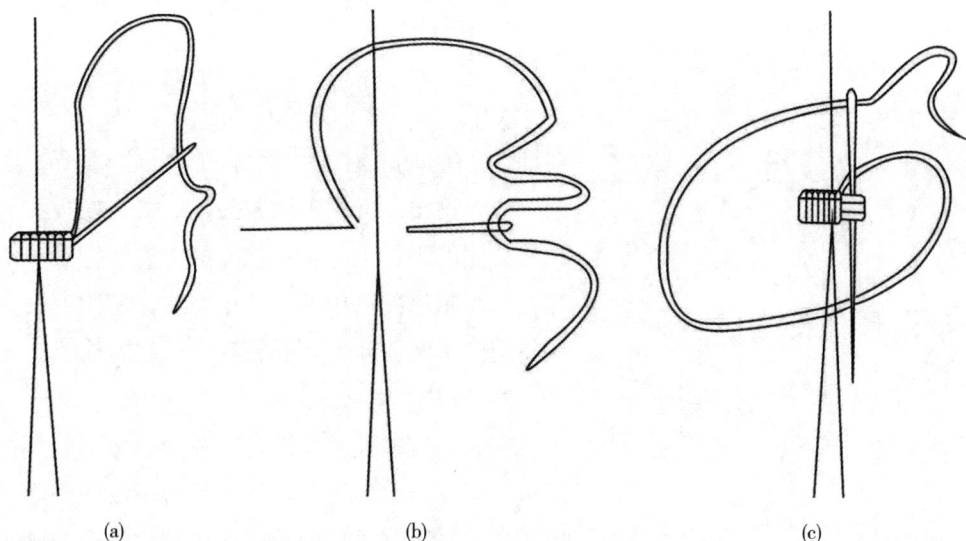

图6-9 套结针

（8）杨柳针：民间亦称杨树花。主要用于女装大衣夹里的下摆贴边处，不仅可固定贴边，亦起到一定的装饰作用。从反面起针，正面在线上横挑出针，并向左抽紧，先以45°向下重复2~3针，再向上45°重复，正面针迹以锯齿形由右至左运针，至所需长度后，于反面止针，如图6-10、图6-11所示。

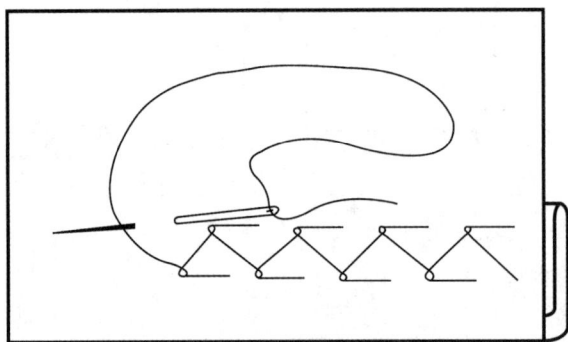

图6-10　单杨树花针

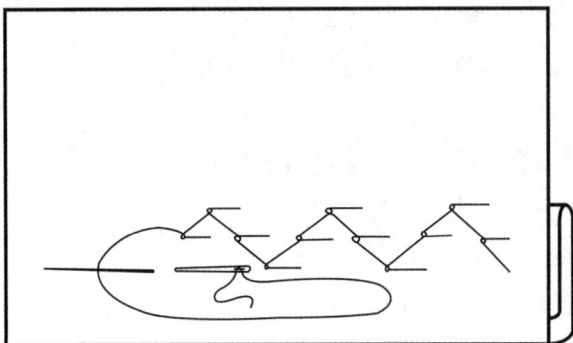

图6-11　双杨树花针

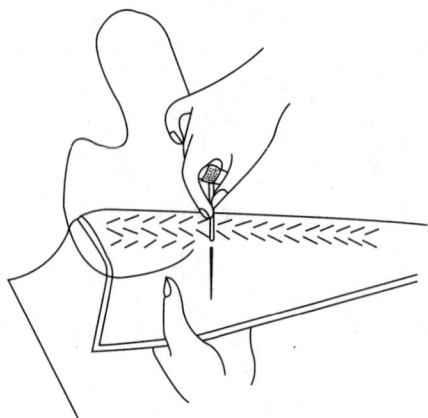

图6-12　八字针

（9）八字针：亦称作人字针，纳针，扎针。斜针针迹0.8cm左右，针距约1cm，横竖对齐，正面以一根丝挑牢，常用于纳驳头，如图6-12所示。

我国的手针工艺有着悠久的历史，针法丰富多样，技术精湛闻名中外，使用方便，应用广泛，且在使用中不断创新，是服装制作工艺的基础。

2. 机缝工艺

服装的成型技术有缝合、黏合、编织等多种，但主要成型方法为缝合。缝合是将服装部件用一定形式的线迹固定再作为特定的缝型而组合。缝迹和缝型是缝合中两个最基本的要素。选择与材料具有良好配伍，并符合穿着强度要求的线迹和缝型，对缝合的质量是至关重要的。各种缝型的机缝方法：

（1）平缝：把两层衣片正面相叠，沿着所留缝头进行缝合，一般缝头宽为1cm左右。平缝用于衣片的拼接，如图6-13所示。

（2）分缝：两层衣片平缝后，毛缝向两边分开，用于衣片的拼接，如图6-14所示。

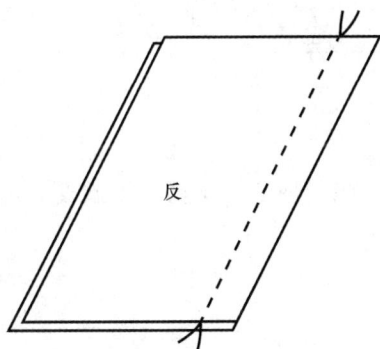

图6-13　平缝

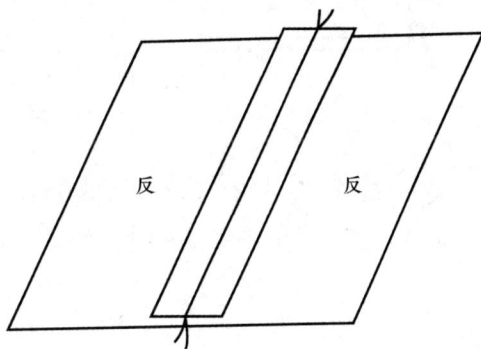

图6-14　分缝

（3）分缉缝：两层衣片平缝后分缝，在衣片正面两边各压缉一道明线，用于衣片拼接部位的装饰和加固作用，如图6-15所示。

（4）坐倒缝：两层衣片平缝后，毛缝单边坐倒。用于夹里与衬布的拼接部位，如图6-16所示。

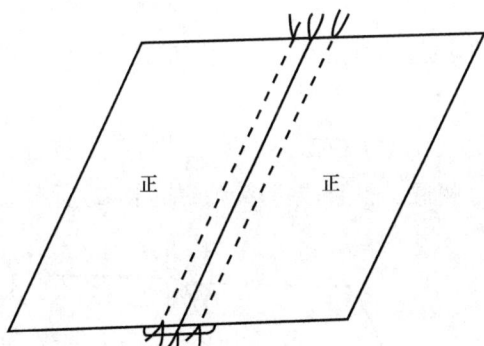

图6-15　分缉缝

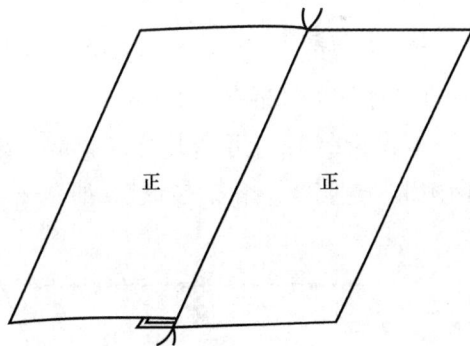

图6-16　坐倒缝

（5）坐缉缝：两层衣片平缝后，毛缝单边坐倒，正面压一道明线。用于衣片拼接部位回固作用，如图6-17所示。

（6）分坐缉缝：两层衣片平缝后，一层毛缝坐倒，缝口分开，在坐缝上压缉一道线，起加固作用，如裤子后裆缝等，如图6-18所示。

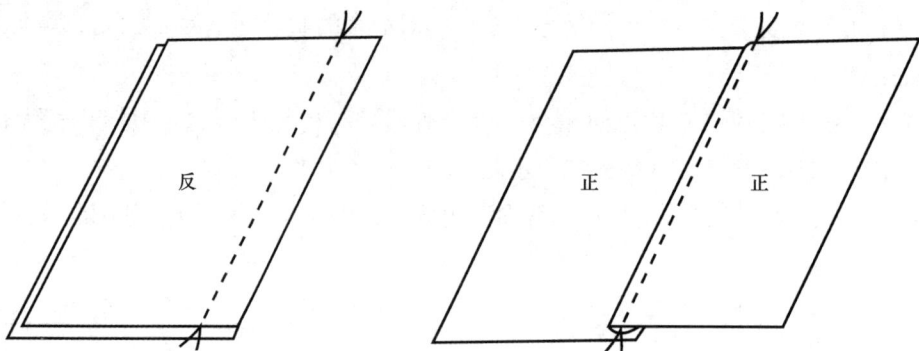

图6-17 坐缉缝

（7）搭缝：两层衣片缝头相搭1cm，居中缉一道线，使缝子平薄、不起梗。用于衬布和某些需拼接又不显露在外面的部位，如图6-19所示。

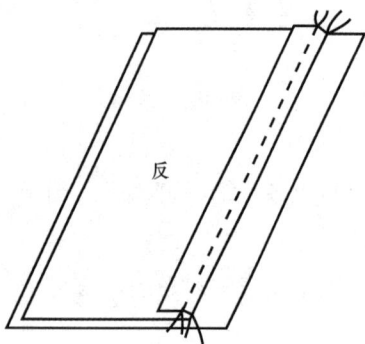

图6-18 分坐缉缝

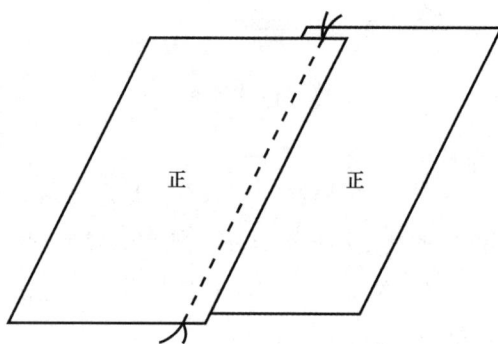

图6-19 搭缝

（8）对拼缝：两层衣片不重叠，对拢后用Z形线迹来回缝缉，此缝比搭缝更平薄，适用于衬布的拼接，如图6-20所示。

（9）压缉缝：上层衣片缝口折光，盖住下层衣片缝头或对准下层衣片应缝的位置，正面压缉一道明线，用于装袖衩、袖克夫、领头、裤腰、贴袋或拼接等，如图6-21所示。

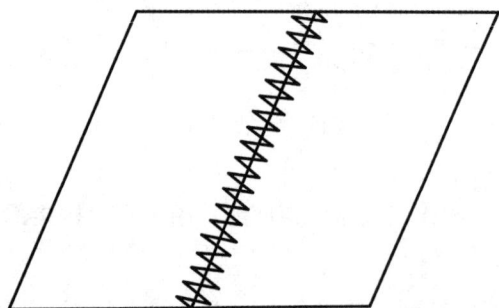

图6-20 对拼缝

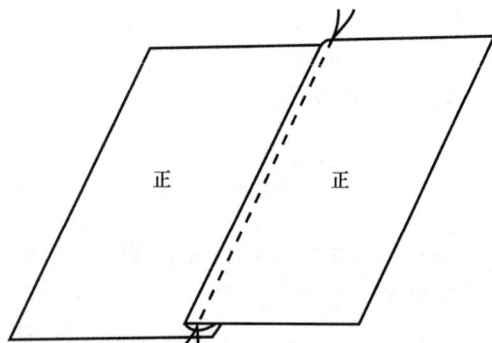

图6-21 压缉缝

（10）贴边缝：衣片反面朝上，把缝头折光后再折转一定要求的宽度，沿贴边的边缘缉0.1cm清止口。注意上下层松紧一致，防止起涟，如图6-22所示。

（11）包边缝：把包边缝面料两边折光，折烫成双层，下层略宽于上层，把衣片夹在中间，沿上层边缘缉0.1cm清止口，把上、中、下三层一起缝牢。用于装袖衩、裤腰等，如图6-23所示。

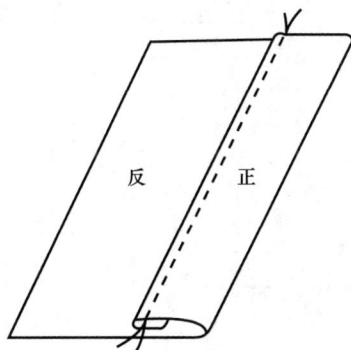
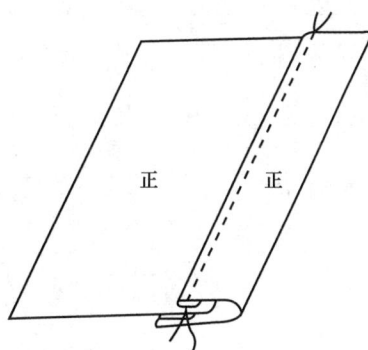

图6-22　贴边缝　　　　　　　　　　　　　图6-23　包边缝

（12）来去缝：两层衣片反面相叠，平缝0.3～0.5cm缝头后将毛丝修剪整齐，翻转后正面相叠合缉0.8～1.0cm，把第一道毛缝包在里面。用于薄料衬衫，衬裤等，如图6-24所示。

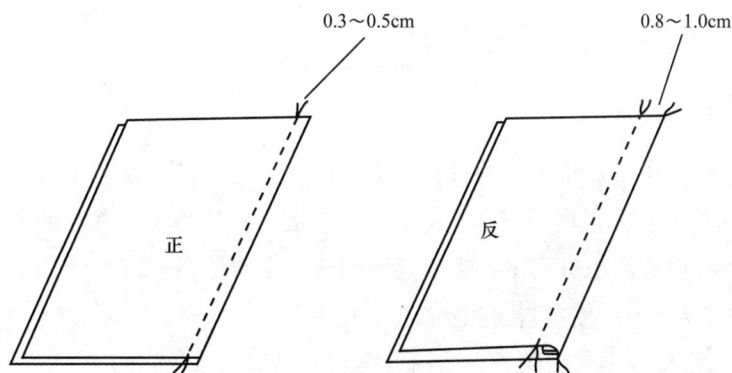

图6-24　来去缝

（13）明包缝：明包明缉呈双线。两层衣片反面相叠，下层衣片缝头放出1cm包转，再把包缝向上层正面坐倒，缉0.1cm清止口。用于男两用衫、夹克衫等，如图6-25所示。

（14）暗包缝：暗包缝明缉成单线，两层衣片正面相叠，下层放边1cm缝头，包转上层，缉0.3～0.4cm止口，再把包缝向上层衣片反面坐倒。用于夹克衫等，如图6-26所示。

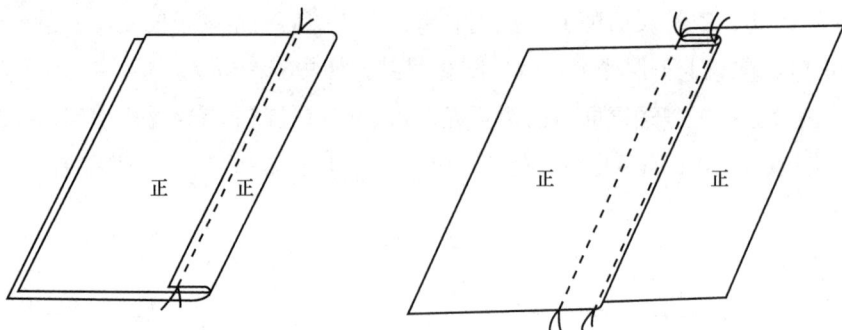

图6-25　明包缝

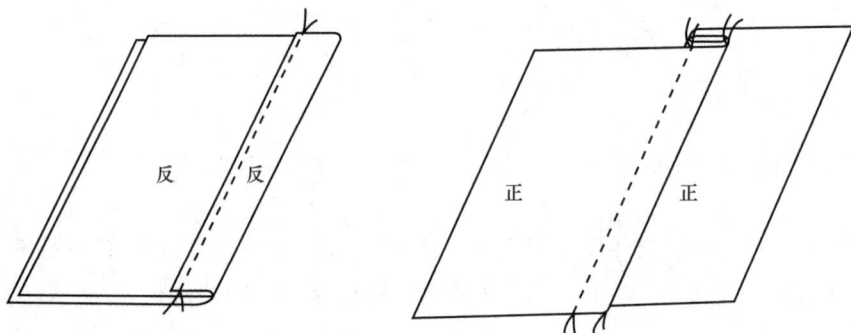

图6-26　暗包缝

三、女装熨烫工艺基础

　　服装是立体结构，要将平面的布料变成立体的服装，首先要将布料进行分割（结构设计），其次在衣片上采用收省或打褶裥的方法，最后就是利用熨烫定型来弥补裁剪时的不足。熨烫定型在服装加工过程中，主要起下列三方面的作用：

　　（1）通过喷雾熨烫使衣料得到预缩。

　　（2）经过熨烫定型使服装外形平挺、美观，褶裥和线条挺直。

　　（3）利用材料的可塑性，适当改变材料的伸缩度、织物经纬密度和方向，塑造服装的立体造型，以适应人体体型与活动状况的要求，达到使服装外形美观、穿着舒适的目的。服装行业用"三分做，七分烫"来形容熨烫技术的重要性。

　　1. **女装缝制半成品熨烫技术**

　　半成品熨烫虽然介于缝纫工序之间，是在服装的某一个部位进行的，但它都是构成服装总体造型的关键，对于服装的质量起着重要的作用。

　　（1）分缝熨烫技术：是用于烫开、烫平连接缝，如省缝、侧缝、背缝、肩缝以及袖缝等。归拔熨烫是使平面衣片塑形成三维立体形状，如前衣片的推门、后衣片的归拔以及裤子的拔裆等都是运用归拔熨烫。

（2）扣缝熨烫：常用于缝合前将缝份毛口扣倒。方法是左手把缝份揿倒，一边折边，一边后退，右手用熨斗尖角跟着折转缝口逐步前移，将折到的缝边熨烫平服、顺直。圆弧形袋角可离边0.5cm，用纳针手缝，再按纸板净样抽拉缝份，然后用熨斗尖角先轻后重地逐步归拢烫煞。

（3）部件熨烫：部件熨烫是对衣片边沿的扣缝、领子、口袋以及克夫等部件的定型熨烫。

2. 服装熨烫的工艺条件与注意事项

（1）服装熨烫的工艺条件：服装熨烫的工艺条件，实际就是构成服装的纺织材料湿热定型的条件，它要求在一定的温度、湿度与压力下，通过一定的时间来完成。

①温度：是熨烫工艺中最重要的一个因素，它是使服装材料变型与定型的关键。温度太低时，纤维的变形能力小，达不到热定型的目的；温度高时，又会使服装材料变黄烫焦，手感发硬，对于合成纤维材料来说，甚至会发生熔融黏结现象，破坏织物的服用性能。

温度的重要性不仅表现在温度的高低上，而且还表现在作用时间的长短上，即经过一定时间较高温度的处理后，必需迅速冷却，才能使纺织材料固定在新的形状上，并能获得手感柔软、富有弹性的优良风格。

②湿度：也是热定型过程中所不可缺少的一个因素，通常织物只有在湿热的条件下，其组成纤维才能够被湿润、膨胀并伸展。因此，只有在湿润的状态下，我们才能塑造成所需要的形状。

③压力：在服装工业中，往往存在着一个普遍错误的观念，即认为要想获得好的熨烫质量，需施以较大的压力。实验证明在一定程度上，压力的继续增大，不但对熨烫质量没有好的影响。反而使极光现象有所增加。因此，无论是服装熨烫机械的设计，还是服装熨烫实践过程中，压力控制一定要适中。

④时间：从上述对"温度"部分的论述中，我们已经看到了时间控制的重要性，时间控制的好坏，往往不仅体现在造型效果上，而且还与能量损耗的大小有着重要的关系。在很多服装熨烫机械中，往往就是利用对时间长短的控制，来控制作用在服装表面的温度、湿度与压力的变化过程。

（2）服装熨烫的注意事项：服装的熨烫效果取决于以上四项重要的工艺技术参数的选择，因此在服装熨烫，特别是手工熨烫时需注意以下事项：

①首先要了解所熨烫服装的材料及其性能，所使用熨斗的当前温度，两者是否匹配。

②熨烫应尽可能在衣料反面进行，如要在正面熨烫，应盖上烫布，以免烫黄或烫出极光。

③熨烫时熨斗应沿衣料经向移动，这有利于保持衣料丝缕顺直。

④熨烫时的压力大小要根据材料、款式、部位而定。如真丝、人造棉、人造毛、灯芯绒、平绒、丝绒等材料，用力不能太重，否则会使纤维倒伏而产生极光；而毛料西裤的挺缝线、西装的止口等处，则应重力压，以利于折痕持久，止口变薄。

四、女装工序分析

1. 工序

工序是构成作业系列分工上的单元，是生产过程中的基本环节，是工艺过程的组成部分。通常一名操作工人接受生产的范围可以作为一个工序单元。一般分为工艺工序、检验工序和运输工序。

2. 工序分析

在服装生产活动中，工序分析是指各种服装面、辅料从仓库取出后，根据对各工序条件和组合过程的分析、控制，施行各种加工使之成为产品，提高工序流程的效率。在实际生产中，从投料到成衣可分为加工、检验、搬运、停滞四个过程，通过科学的工序流程分析研究，能够制定合理的工序改进方案。

3. 工序分析的目的和作用

（1）明确工序的顺序（能编制工序一览表）。

（2）明确加工方法（能明确成品规格及其质量特征）。

（3）能按工序单元进行改进（与其他标准作比较）。

（4）能作为作业动作改进的基础资料（选择进一步改进的重点）。

（5）能成为生产设计的基础资料（工序编排、机台布置、人员调配）。

（6）能作为工序管理的基础资料（工时数计划、交货日期）。

（7）能作为作业工人或外加工的作业标准指导书。

4. 女装基础产品工序流程分析

分析从衣片部件到组装成服装产品的整个生产工序流程，一目了然的表达作业顺序，使用机器或工具、加工时间等，这些可称为产品工序流程分析。

（1）工序流程分析的用途：

①可作为生产计划（作业安排、机器配置等）的资料。

②作为比较本厂与其他工厂加工时间的评定基础资料，了解本厂生产能力，拟定今后的目标等。

③作为设备合理化改进的资料。

④便于作业人员了解产品的整个生产过程，明确自己担当的工作内容。

⑤可用于工资核算的基础资料。

（2）女装缝制工序流程（表6-1～表6-3）：

表6-1　女衬衫缝制工序

编号	工序	作业内容
1	准备	用斜丝布裁剪领面、领里 裁剪口袋 黏过面衬 整理缝份（包缝加工） 缝袖山吃缝量
2	做衣身	①缝袖窿省 ②做口袋、绱口袋 ③加工门襟贴边 ④缝侧缝、肩缝 ⑤下摆的处理
3	做领子、绱领子	⑥缝领外口、翻领子 ⑦做领子、准备绱领子 ⑧绱领子 ⑨处理领口缝份及斜条布
4	做袖子、绱袖子	⑩缝袖下缝 ⑪加工袖口、准备绱袖 ⑫纳袖子 ⑬整理袖子吃缝量
5	整理	⑭锁扣眼 ⑮钉扣 ⑯用熨斗整型

表6-2　女西装缝制工序

编号	工序	作业内容
1	准备	裁领面、领里、口袋 裁后领窝的贴边 裁黏合衬并粘贴 用包缝机包缝，整理缝份
2	衣身的制作	①做左胸贴袋 ②绱口袋 ③缝合肩缝 ④缝合贴边的肩线 ⑤贴边外圈用包缝机包缝 ⑥缝贴边下摆
3	领子的制作与安装	⑦缉缝领外口 ⑧翻出正面，缝纫机缉明线 ⑨用前后身和贴边夹住领子，绱领
4	缝袖、绱袖、缝衣身	⑩绱袖 ⑪在绱袖的位置缉装饰明线 ⑫缝袖下缝、腋下缝 ⑬缝开衩

编号	工序	作业内容
4	缝袖、绱袖、缝衣身	⑭止口缉装饰明线，下摆开衩缉装饰明线 ⑮袖口的处理
5	整理	⑯锁扣眼 ⑰钉扣 ⑱成衣用熨斗整理

表6-3　女长裤缝制工序

编号	工序	作业内容
1	准备	门襟贴边、里襟烫衬
2	裤面制作	①缉缝前后片省道 ②缝合侧缝，制作口袋 ③缝合下裆缝 ④用熨斗烫出前后烫迹线 ⑤缝合前后裆（两道线） ⑥处理裤口（暗缲缝） ⑦处理前开口
3	裤里制作	⑧缉缝前后片省道 ⑨缝合侧缝和下裆缝 ⑩缝合前后裆 ⑪处理裤口
4	裤面与裤里的配合	⑫将裤子面和裤子里对合，在侧缝处绷缝固定 ⑬裤里前开口（拉链处）打剪口后对齐固定 ⑭裤腰里和裤子面对合，绷缝固定 ⑮绱腰 ⑯裤口拉线襻固定 ⑰腰上锁扣眼
5	整理、完成	⑱熨烫成品 ⑲钉挂钩

五、女装的工艺要求与检验

1. 女装的工艺要求（表6-4～表6-6）

表6-4　女衬衫工艺要求

项目	工艺要求
领	领头、领角对称，自然窝服顺直 绱领位置准确，方法正确 领面平服

续表

项目	工艺要求
袖	绱袖圆顺，吃势均匀，对位准确，无死褶，袖细褶均匀，袖头符合规格、左右对称袖衩平服，无毛露，缉线顺直
侧缝	袖底十字缝对齐，线迹顺直，无死褶
下摆	起落针回针，贴边宽度一致，止口均匀 两端平齐，中间不皱不拧
门襟	长短一致，不拧不皱，贴边宽度均匀 锁眼、钉扣位置准确
省	省位、省大、省向、省长左右对称 省尖无泡、无坑，曲面圆顺
整烫效果	线头修净，衣身平整，无污、无黄、无极光

表6-5　女西服工艺要求

项目	工艺要求
规格	允许误差：胸围 ±1；衣长 ±1；肩宽 ±0.8
衣身	肩头平服，衣身丝绺顺直，胸部饱满，吸腰自然，止口平薄、顺直，下摆窝服，锁眼、钉扣方法正确、位置准确
领	领角、驳头对称、窝服。串口顺直，里外平薄。止口不反吐
袋	大袋袋盖丝绺正确、贴体，美观对称，袋布平服，袋口两端方正，牢而无毛、无裥
袖	绱袖位置正确，袖山饱满、圆顺，吃势均匀、无皱，袖面平服不起吊。垫肩位置合适，缝钉牢固
衣里	装配适当，袖口、下摆留掩皮 1cm 左右，背缝、侧缝留坐势与衣面固定无遗漏
整烫效果	外形挺括，分割线顺直，美观，无线头、无污渍、无黄斑、无极光、无水渍

表6-6　女长裤工艺要求

项目	工艺要求
规格	允许误差：腰围 ±1；裤长 ±1；立裆 ±0.5
腰头	丝绺顺直，宽度一致，内外平服，两端下齐，襻位恰当，缝合牢固（两端无毛露）
门襟	门襟止口顺直，封口牢固，不起吊，拉链平服，缉明线整齐
前片	折裥位对称，裥量一致，烫迹线挺直
侧袋	左右对称，袋口平服，不拧不皱，缉线整齐，上下封口位置恰当，缝合牢固，袋布平服
后片	腰省左右对称，倒向正确，压烫无痕
内外侧缝	缝线顺直，不起吊，分烫无坐势
裆缝	裆缝十字缝处平服，缝线顺直，分压缝线迹重合
裤脚口	贴边宽度均匀，三角针线迹松紧适宜，正面无针花，底边平服，不拧不皱
整烫效果	无污、无黄、无焦、无光、无皱，烫迹线顺直

2. 女装质量检验（表6-7、表6-8）

表6-7　女上装质量检验

部位	检验内容
衣领	①衣领是否装正，领面是否平服 ②衣领翻折线是否在设计的位置上 ③衣领的左右两边丝缕、条格是否一致 ④衣领的翻领部分翻下是否牵紧 ⑤衣领弯曲后形态是否自然圆顺 ⑥衣领弯曲里侧是否有多余皱褶 ⑦驳头表面是否平服，是否能自然驳下 ⑧驳头的驳折位置是否在规定位置 ⑨驳头里侧是否反吐
肩	①肩缝是否顺直 ②肩端是否下坍，肩部是否平挺 ③前肩部是否平服、有无多余褶皱 ④垫肩量是否恰当，位置是否合适
前衣身	①前门襟止口是否顺直、挺服 ②胸部的造型是否美观 ③纽眼的位置是否适当，锁眼的方法是否恰当，纽扣装钉的位置是否正确 ④止口的缝制是否美观 ⑤前身的领口贴边是否平服 ⑥省缝头是否有酒窝状，省缝熨烫是否美观
挂面	①挂面是否平服 ②倒钩的暗缝是否服帖 ③挂面在胸部是否牵紧
衣袖	①前袖缝归拔是否充分 ②袖子的位置是否正确 ③袖口衬安放是否服帖 ④袖头的开口部位重叠是否一致 ⑤袖口里布的缭缝以及袖里布与面布之间的配合是否恰当 ⑥袖山缩缝量分配是否恰当、装袖缝是否美观、袖山侧型是否丰满
侧缝	①侧缝是否平服 ②侧缝面里布的缝线是否牢固
后背	①背缝是否平服 ②后背的盖背是否美观 ③后背的装领部位是否平服
下摆	①下摆的折边是否合适，明线是否美观 ②下摆的暗缝线是否平服
门襟	①门襟重叠量是否正确，上片与下片长短是否一致 ②门襟的转角造型是否平服
里布	①里布的缝道是否平服 ②里布在纵向、围向是否有必要的余量 ③里布下摆缭缝是否平服

表6-8 女下装质量检验

部位	检验内容
腰围	①腰围宽度方向的丝缕是否一致 ②安装腰头的缝迹是否平服、美观 ③腰襻的位置是否恰当，缝合是否牢固
袋	①袋口的缝迹是否平服、美观，封口位置是否恰当，缝合是否牢固 ②袋嵌线与袋垫布的布边处理是否恰当
后省道	①后省道的位置是否正确 ②左右两省是否对称 ③省道的处理方法是否适当
侧缝	①侧缝的缝道是否顺直 ②侧缝的缝线是否平服 ③包缝线迹是否脱散
上裆缝	①上裆十字缝处理是否准确、平整 ②后上裆缝的缝合是否准确对位 ③前上裆缝的封口位置是否适当、牢固
门里襟	①前门襟位置是否适当，门里襟缝合是否牢固 ②前门襟是否平服，里布是否外吐 ③装拉链的位置是否适当，拉链的关启是否顺畅 ④门里襟的长度是否一致 ⑤纽眼与纽扣的位置是否正确
脚口	①左右脚口的尺寸是否一致 ②脚口折边是否美观 ③脚口的内外两侧是否齐整

第二节　系列女装制作工艺

案例一、瑰语（图6-27、图6-28）

1. 裁剪要点

（1）裁剪前：检查样板数量，样板缝份的加放应根据不同的工艺要求灵活掌握，样板的缝份与面料的质地、性能也有关系，质地疏松的面料在裁剪和缝纫时容易脱散，应多放一些缝份，质地紧密的面料则按常规处理。裁剪前熨平面料是为了预缩和校正布纹，但不能损坏布料原有的手感和观感。

①预缩：织物在织造过程中会产生拉长变形，在制作中又往往会因湿气和高温而回缩。因此要进行面料收缩，使其尺寸保持稳定状态，这称之为预缩。遇到羊毛织物时，要用蒸汽熨斗无遗漏地熨烫，生产企业也有使用专用的预缩机进行预缩，这里采用人工蒸汽熨斗预缩面料，注意根据面料材质调节熨烫温度。

图6-27 《瑰语》系列女装成衣照片一

图6-28 《瑰语》系列女装成衣照片二

②调整布纹：为防止衣服制成之后出现偏歪走形，要将已经歪斜纬纱调整为与经纱成直角的状态，这称为调整布纹。布边有牵吊时，要斜向剪口，拽拽布料，使纬纱变水平，然后用蒸汽熨斗烫平整。

（2）裁剪时：裁剪时把系列服装中相同面料的纸样描在面料上，先从面积大的部件开始沿经纱方向摆放，面积小的部件插放其间。对于有毛绒方向或反光的面料要保持裁片方向的一致性，以免造成色差，同一件衣服方向一致。

2. 缝制工艺

该系列中的西短裤以及衬衫的制作工艺参考基本款衬衫以及西裤的制作工艺即可完成，较复杂款式的成衣工艺参见表6-9～表6-12。

表6-9 修身外套成衣工艺

款式图：	
正面	背面

工艺流程：

检查裁片→黏衬→缝合领里、领面→翻烫领子→做覆肩→缝合省道→拼合前衣片→拼合后衣片→拼缝挂面与前片里料→缝合前衣身与挂面→翻烫挂面→合侧缝→拼合衣身下片→面子合肩缝→里子合肩缝→绱领→缝袖片缀饰→合袖缝→绱袖→合下摆→固定团花装饰造型→钉扣→整烫→检验

工艺要求：

①裁剪：核实裁剪数量正确，并按排料样板裁剪。拉布平整，一顺拖料，布边一边对齐，注意倒顺光及面料色差，各部位刀眼对齐，丝绺顺直

②针距：针距0.25cm

③线迹：底面线均匀、不浮线、无跳针

④缝制：肩头平服，衣身丝绺顺直，胸部饱满，吸腰自然，止口平薄、顺直，下摆窝服，锁眼、钉扣方法正确、位置准确，袖口、下摆留掩皮的1cm，背缝、侧缝留坐势与衣面固定无遗漏

⑤领缝制：立领服帖，里外平薄，止口不反吐

⑥线迹要求：所有拼接线迹平整、合缝不拉斜、不扭曲、弧度圆顺

⑦绱袖：位置正确，袖山饱满、圆顺，吃势均匀、无皱，袖面平服不起吊。垫肩位置合适，缝钉牢固，装配适当

⑧整烫：要平服，不起皱，外形挺括，分割线顺直，美观，无线头、无污渍、无黄斑、无极光

表6-10　修身分割长裙成衣工艺

款式图：	
正面	背面

工艺流程：

检查裁片→黏衬→锁边→做翻领→缝合翻领与领座→拼缝前裙片→拼缝前胸贴布→缝合前领圈贴边→拼缝后中片→拼缝后侧片→合侧片与后片合中缝→缝合后领圈贴边→合肩缝→合摆缝→拼合裙里→合裙里肩缝→缩领→后中缩拉链→合里面袖窿→裙脚里布折边缝→手针挑裙脚→固定团花装饰造型→整烫→检验

工艺要求：

①裁剪：核实裁剪数量正确，并按样板裁剪。拉布平整，一顺拖料，布边一边对齐，注意倒顺光及面料色差，各部位刀眼对齐，丝缕顺直

②缝纫：针距0.25cm。衬衫领，领边压0.5cm明线，领座、袖口压0.1cm明线。裙摆卷边压1.5cm明线，前后胸部拼接平整压0.1cm明线

③订标：配色线车尺码标于后领中下边1.5cm处，洗标在穿起左边侧缝下起15cm，线头修剪干净，无污迹

④整烫：要平服，不起皱，无极光，一批产品的整烫折叠规格应保持一致

⑤检测与包装：领口圆顺，左右袖窿对称、大小一致，商标、标记清晰端正。成衣熨烫平挺，折叠平服端正，衣身保持清洁，无线头

表6-11　箱式大衣成衣工艺

款式图：	
正面	背面

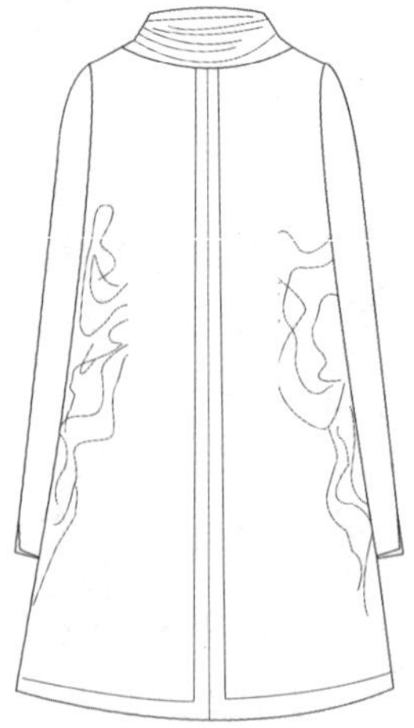

续表

工艺流程：

检查裁片→黏衬→定领褶→固定团花缀饰→固定团花缀饰→缝合前片上下层面料→缝合后片上下层面料→拼合前后衣片→合侧缝→合肩缝→绱领→拼缝袖片→合袖缝→绱袖→折缝下摆→固定团花装饰→整烫→检验

工艺要求：

①裁剪：核实裁剪数量正确，并按样板裁剪。拉布平整，一顺拖料，布边一边对齐，注意倒顺光及面料色差，各部位刀眼对齐，丝缕顺直

②针距：针距 0.25cm

③线迹：底面线均匀、不浮线、无跳针。

④缝制：肩头平服，衣身丝缕顺直，胸部饱满，吸腰自然，止口平薄、顺直，下摆窝服，前中拉链服帖、位置准确

⑤领缝制：立领服帖，褶皱自然，团花肌理装饰美观

⑥订标：配色线车尺码标于后领中下边 1.5cm 处，洗标在穿起左边侧缝下起 15cm，线头修剪干净，无污迹

⑦整烫：要平服，不起皱，无极光

⑧检测与包装：领口圆顺，左右袖对称、大小一致，商标、标记清晰端正。成衣熨烫平挺，折叠平服，衣身保持清洁，无线头

表6-12 双层领吊带马甲成衣工艺

款式图：

工艺流程：

检查裁片→黏衬→缝合翻领与领座→合领里、领面→领修剪翻烫→缝合省道→拼缝挂面与前身里布（绱上层领）→缝合前衣身与挂面→翻烫挂面→合侧缝（里、面）→面子合肩缝→里子合肩缝→绱领→合下摆→钉扣→整烫→检验

工艺要求：

①裁剪：核实裁剪数量正确，并按样板裁剪。拉布平整，一顺拖料，布边一边对齐，注意倒顺光及面料色差，各部位刀眼钉眼对齐，丝缕顺直

②针距：针距 0.25cm

③线迹：底面线均匀、不浮线、无跳针

④缝制：肩头平服，衣身丝缕顺直，胸部饱满，吸腰自然，止口平薄、顺直，下摆窝服，锁眼、钉扣方法正确、位置准确

⑤领缝制：翻领服帖，有窝势、里外匀无反吐

⑥订标：配色线车尺码标于后领中下边 1.5cm 处，洗标在穿起左边侧缝下起 15cm，线头修剪干净，无污迹

⑦整烫：要平服，不起皱，无极光

⑧检测与包装：领口圆顺，左右袖对称、大小一致，商标、标记清晰端正。成衣熨烫平挺，折叠平服端正。衣身保持清洁，无线头

案例二、简画（图6-29）

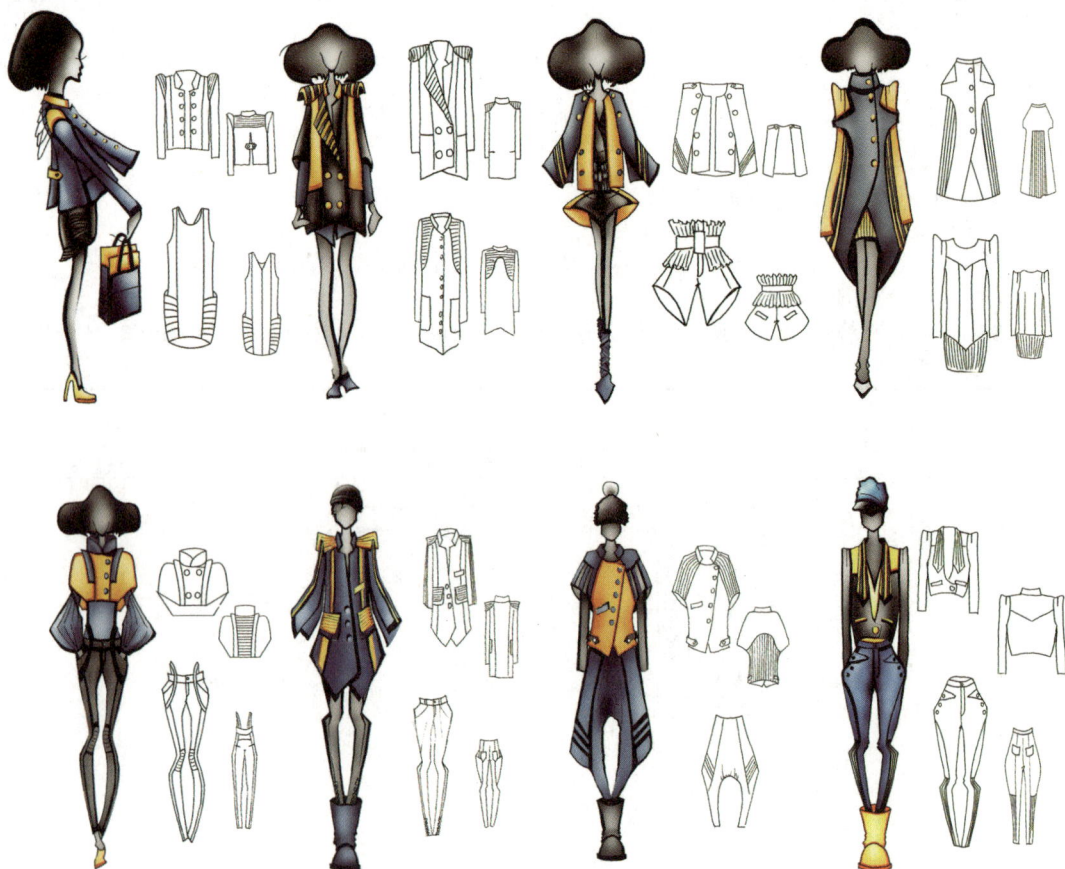

图6-29 《简画》效果图及平面款式图

1. 裁剪

把系列服装中相同面料的纸样描在面料上，先从面积大的部件开始沿经纱方向摆放，面积小的部件插放其间。对于有毛绒方向或反光的面料要保持裁片方向的一致性，以免造成色差。

2. 缝制工艺（选择其中四款服装）

（1）短款褶裥外套：

①短款褶裥外套成衣工艺（表6-13）：

表6-13 短款褶裥外套成衣工艺

款式图：

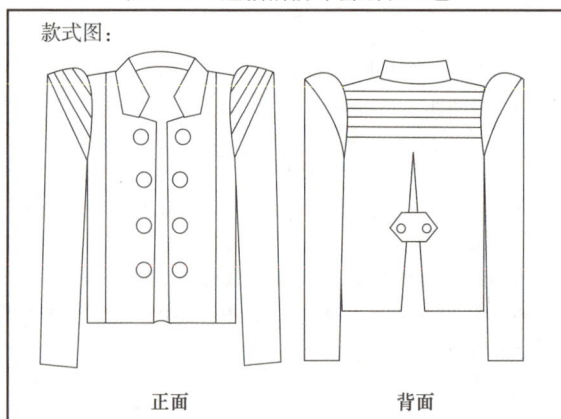

正面　　　　　　　背面

续表

工艺流程:
裁剪面料、里料→做标记→黏衬→拼合前衣身→做前开衩→拼合后衣身→做后开衩→做后背装饰褶→缝合侧缝→做里布前开衩→做里布后开衩→缝合里子侧缝→装挂面→翻烫挂面→扣烫、固定下摆→缝后片装饰→合肩缝→缝合左右侧缝→缝制领子→绱领子→缝制袖子→绱袖子→钉扣→整理
制作说明:
①后衣片雪纺拼接,在缝制层叠造型时不要拉扯布料,防止斜丝
②绱袖时,注意袖中缝要与衣片的侧缝对齐,袖山高位置折量和方向要对称
③挂面及领口要烫平

②短款褶裥外套缝制工序(表6-14):

表6-14 短款褶裥外套缝制工序

序号	工序	制作内容	参照图与操作要点说明
1	准备	裁剪面料、里料	核实裁片数量、检查裁片
		裁剪并粘贴前片、挂面、袖口、领面等部位黏合衬	衬的纱向基本和面料一致。另外,衬比面料的裁片要小一些,从正面看时,衬不能从缝份边上露出
		准备缝制所使用的小物品及用具	准备好线、卷尺、纽扣、手针(5#、6#)、机针(11#)等必要工具
2	衣身面料的缝制	拼合前衣身、做前开衩	
		拼合后衣身、做后开衩	

序号	工序	制作内容	参照图与操作要点说明
2	衣身面料的缝制	折烫装饰折，固定装饰褶于后衣片	
		缝合、装钉后腰装饰襻	
		缝合侧缝	
3	衣身里料的缝制	做里布前开衩 做里布后开衩 缝合里子侧缝	缝制方法同衣身面料

续表

序号	工序	制作内容	参照图与操作要点说明
4	装过面、翻烫过面	过面缝在前里料上，里面料前片缝合、翻烫过面	
5	合肩缝	缝合里、面料肩缝	肩缝分缝熨烫
6	面里衣片对合	缝合面、里衣片	对合面、里料缝份，衣面与衣里在腋下缝处拉线襻固定
7	处理下摆	折烫、固定下摆	 包缝面料下摆之后暗缲缝，里料下摆短于面料下摆2cm
8	缲领	立领制作	 领面比领里大0.3～0.5cm，领尖处做对位记号
		缲领子	 领面与衣身正面相对，领里与衣身里料相对，将领口的缝份绷缝在一起，然后缉缝，缝份劈缝熨烫

序号	工序	制作内容	参照图与操作要点说明
9	绱袖	缝制袖子	
		绱袖子	
10	后整理	完工整烫、缉明线、钉纽扣、修剪线头	

（2）宽松型长款西服：

①宽松型长款西服成衣工艺（表6-15）：

表6-15 宽松型长款西服成衣工艺

款式图：

正面   背面

工艺流程：

裁剪面料、里料→折烫黄色装饰条→缝挂面黄色装饰条→拼合衣身侧片→缝贴袋→拼合前后衣身→过面与衣身里料缝合、熨烫→里料前片缝合、翻烫过面→面、里的后片拼接线对合→折烫、固定下摆→缝领子、绱领子→缝制袖子→绱袖子→缝装饰垫肩→完工整烫、锁扣眼、钉纽扣、修剪线头

制作说明：

①缝制单嵌线口袋时注意平整，嵌条宽度相同，口袋左右对称

②绱袖子时，注意袖中缝要与衣片的侧缝对齐，袖山高位置折量和方向对称

③挂面及领口要烫平，翻驳领层叠处应熨烫平整，小立领左右需对称

④缝制垫肩时，注意左右高度一致

②宽松型长款西服缝制工序（表6-16）：

表6-16 宽松型长款西服缝制工序

序号	工序	制作内容	参照图与操作要点说明
1	准备	裁剪面料、里料	核实裁片数量、检查裁片
		裁剪并粘贴前片、挂面、袖口、领面等部位黏合衬	衬的经纱方向与衣片面料基本一致，薄厚要分开。烫薄衬的侧片袖窿、下摆、袖口，根据面料和款式需要可以斜裁。衬比面料的裁片要小一些，从正面看时衬不能从缝份边上露出
		裁剪、折烫黄色装饰条	装饰条裁剪宽度5cm，两边分别折烫1cm缝份
		准备缝制所使用的小物品及用具	准备好线、卷尺、纽扣、手针（5#、6#）、机针（11#）等必要工具

序号	工序	制作内容	参照图与操作要点说明
2	衣身面料的缝制	缝挂面黄色装饰条，0.1cm明线缉缝黄色装饰条于挂面	
		拼合侧片	
		缉缝贴袋并熨烫	
		拼合前衣身	
		拼合后衣身	

续表

序号	工序	制作内容	参照图与操作要点说明
3	衣身里料的缝制	缝合前片拼接线、缝合后中缝	同衣身面料缝合方法相同
4	装过面、翻烫过面	过面与衣身里料缝合、熨烫，里面料前片缝合、翻烫过面，门襟下摆内侧绲 0.1cm 明线	
5	面、里衣片对合	对合面、里的拼接线	
6	合肩缝、缝肩部装饰	合肩缝、缝装饰垫肩	
7	处理下摆	折烫、固定下摆	对合面、里料缝份，缝合衣面与衣里下摆
8	缝领子、绱领子	缝领子	

序号	工序	制作内容	参照图与操作要点说明
8	缝领子、缭领子	缭领子	
9	缝袖子、缭袖子	缝袖子、缭袖子	
10	后整理	完工整烫、锁扣眼、钉纽扣、修剪线头	

（3）短款分袖外套与短裤：

①短款分袖外套与短裤成衣工艺（表6-17）：

表6-17　短款分袖外套与短裤成衣工艺

款式图：

| 正面 | 背面 | 正面 | 背面 |

短款分袖外套工艺流程：

裁剪面料、里料→做标记→拼合左右侧缝→装挂面→拼合面料后片→合肩→缝合左右侧缝→缝合里子→整烫→缝制分袖→绱袖→整理→钉扣

短裤工艺流程：

裁剪面料→做标记→锁边→做口袋→装口袋→合后裆缝→缝合侧缝→合前裆缝→装拉链→装腰带→整烫片

短款分袖外套制作说明：

①注意袖子左右层叠方向、高度相同

②绱袖子时，注意袖中缝要与衣片的侧缝对齐，袖山高位置折量和方向要对称

短裤制作说明：

①装门襟时，由于门襟的造型是弯的，缝合时要注意弧线形的美观，装拉链时可先用手针固定位置，再用缝纫机缝合

②装裤腰时，先熨平，用大头针临时固定一下，再用缝纫机缝合，防止缝合时面料起皱

③缝制单嵌线口袋时，注意口袋平整，大小一致、左右对称

②短款分袖外套缝制工序（表6-18）：

表6-18　短款分袖外套缝制工序

序号	工序	制作内容	参照图与操作要点说明
1	准备工序	裁剪裤片与零部件面料	核实裁片数量、检查裁片
		裁剪并粘贴前片、挂面、袖口、领面等部位黏合衬	衬的经纱方向与衣身片面料基本一致。袖窿、下摆、袖口，根据面料和款式需要可以斜裁。衬比面料的裁片要小一些，从正面看时，衬不能从缝份边上露出

序号	工序	制作内容	参照图与操作要点说明
1	准备工序	准备缝制所使用的小物品及用具	准备好线、卷尺、纽扣、手针（5#、6#）、机针（11#）等必要工具
2	衣身面料的缝制	缝合拼接线、分缝烫平	
3	衣身里料的缝制	缝合里料拼接线	同衣身面料
4	装过面、翻烫过面	过面与衣身里料缝合、熨烫	
		里料、面料前片缝合、翻烫过面、门襟下摆内侧缉0.1cm明线	
5	领圈与袖窿的处理	在里料上缝合领圈贴边	

续表

序号	工序	制作内容	参照图与操作要点说明
5	领圈与袖窿的处理	面、里料袖窿、领圈的缝合、翻烫	 将衣身与贴边正面相对缉缝领圈、袖窿弧线，缝头上打若干剪口后从肩部翻出衣身的正面并整烫
6	合肩缝	缝合肩缝	缉缝面料肩缝，分缝熨烫
7	下摆	折烫、固定下摆	对合面、里料缝份，缝合衣面与衣里下摆
8	缝袖子、绱袖子	缝袖子装饰条	0.1cm 明线缉缝
		缝制袖子	
		固定袖子与衣身	衣袖入肩部分与衣身相连，包纽扣做装饰
		制作肩襻、钉肩襻	

序号	工序	制作内容	参照图与操作要点说明
9	后整理	完工整烫、缉明线、锁扣眼、钉纽扣、修剪线头	

③短裤缝制工序（表6-19）：

表6-19　短裤缝制工序

序号	工序	制作内容	参照图与操作要点说明
1	准备	裁剪裤片与零部件面料	裁剪时注意裤片烫迹线与布纹方向一致，倒顺毛或反光布料则要保持裁片方向一致
		门襟贴边、里襟、后口袋嵌条烫衬	门襟贴边留出缝份后烫黏合衬，里襟衬比面料的裁片要小一些，从正面看时，衬不能从缝份边上露出
		缝份的处理	包缝机包缝处理
		准备缝制所使用的小物品及用具	准备好线、卷尺、纽扣、手针（5#、6#）、机针（11#）等必要工具
2	口袋制作	制作后裤片单嵌线口袋	
3	拼合前裤片	缉缝前片接缝，分缝熨烫	

续表

序号	工序	制作内容	参照图与操作要点说明
4	缝合侧缝	缉缝前后裤片侧缝	单针平缝机缉缝，缝头 1cm，三线包缝机双层包缝，注意对齐腰头和脚口
5	缝合下裆缝	单针平缝机缉缝下裆缝，用包缝机双层包缝	单针平缝机缉缝下裆缝，缝头 1cm，三线包缝机双层包缝下裆缝，注意对齐前后裆缝和脚口
6	合前后裆缝	缉缝后裆缝，前裆缝至绱拉链处	
7	装门襟拉链	前门襟绱拉链	\n参照普通休闲裤门襟拉链缝制工艺
8	处理裤脚口	缝脚口贴边，三角针缲缝裤脚	

续表

序号	工序	制作内容	参照图与操作要点说明
9	绱腰头	缝制裤腰，绱裤腰	
10	装饰腰带制作	缝制腰带面，抽橡筋，固定在裤腰上，形成不规则褶裥的装饰效果	
11	后整理	完工整烫、锁扣眼、钉纽扣、修剪线头	前门襟腰头锁扣眼，钉纽扣

（4）长款马甲：

①长款马甲成衣工艺（表6-20）：

表6-20 长款马甲成衣工艺

款式图：

正面　　　　　　背面

工艺流程：
裁剪面料、里料→做标记→缝前片叠褶→拼合挂面→制作后片装饰褶裥→合肩→装里料→拼合侧缝→装领→整理→熨烫→钉纽扣

制作说明：
①缝制毛呢与雪纺层叠拼接时，不要拉伸面料防止布料褶皱，层叠宽度要均匀
②挂面及领口部位要烫平
③后片雪纺层叠宽度相同，不能拉伸面料

②长款马甲缝制工序（表6-21）：

表6-21 长款马甲缝制工序

序号	工序	制作内容	参照图与操作要点说明
1	准备	裁剪面料、里料	核实裁片数量、检查裁片
		裁剪并粘贴前片、挂面、领面等部位黏合衬	衬的经纱方向与衣片面料基本一致，薄厚要分开。烫薄衬的袖窿、下摆、袖口，根据面料和款式需要可以斜裁。衬比面料的裁片要小一些，从正面看时，衬不能从缝份边上露出
		裁剪、折烫黄色装饰条	装饰条裁剪宽度5cm，两边分别折烫1cm缝份
		准备缝制所使用的小物品及用具	准备好线、卷尺、纽扣、手针（5#、6#）、机针（11#）等必要工具
2	衣身面料缝制	拼合前衣身	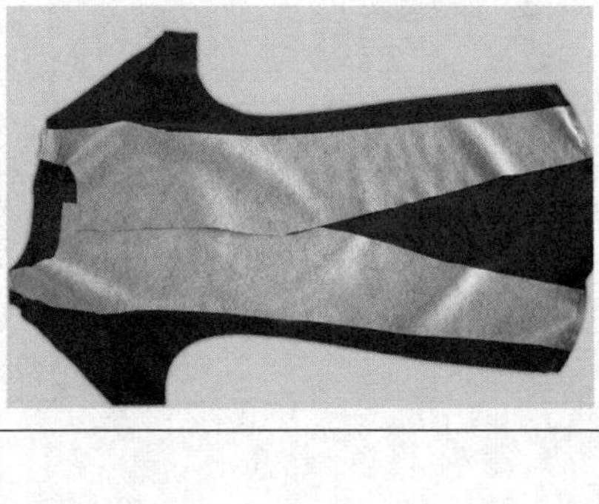

序号	工序	制作内容	参照图与操作要点说明
2	衣身面料缝制	缝制衣身装饰褶、拼合后衣身	
3	衣身里料缝制	拼合衣身里料	衣身里料的拼缝
4	装挂面	挂面与衣身里料缝合、熨烫	参照本系列服装短款褶裥外套挂面的缝制工艺
		里面料前片缝合、翻烫挂面	
5	里面料对合	面、里的拼接线对合	参照本系列服装宽松型长款西服制作
6	处理下摆	缝合衣身下摆里、面料	对合面、里料缝份，缝合衣面与衣里下摆
7	袖窿的处理	缝合袖窿里、面料	将衣身与贴边正面相对缉缝袖窿弧线，缝头上打若干剪口后从肩部翻出衣身的正面并整烫袖窿
8	合肩缝	缝合肩缝	缉缝面料肩缝，分缝熨烫
9	绱领	缝制衣领	

续表

序号	工序	制作内容	参照图与操作要点说明
9	绱领	衣领与衣身缝合	
10	后整理	完工整烫、缉明线、锁扣眼、钉纽扣、修剪线头	

思考与练习

1. 分析不同品类服装产品的工艺特点。

2. 结合所学知识完成系列服装工艺制作。

3. 成衣整理、拍照、作品展示。

参考文献

[1] 朱远胜. 面料与服装设计[M]. 北京：中国纺织出版社，2008.

[2] 刘晓刚. 服装设计概论[M]. 上海：东华大学出版社，2008.

[3] 刘元凤. 服装设计学[M]. 北京：高等教育出版社，2005.

[4] 袁仄主. 服装设计学[M]. 3版. 北京：中国纺织出版社，2003.

[5] 阿黛尔. 时装设计元素：面料与设计[M]. 朱方龙 译. 北京：中国纺织出版社，2010.

[6] 希弗瑞特. 时装设计元素：调研与设计[M]. 袁燕，肖红，译. 北京：中国纺织出版社，2011.

[7] 索格，等. 时装设计元素[M]. 北京：中国纺织出版社，2011.

[8] 庄立新，胡蕾. 服装设计[M]. 北京：中国纺织出版社，2003.

[9] 林松涛. 成衣设计[M]. 北京：中国纺织出版社，2008.

[10] 张文辉，王莉诗，金艺. 服装设计流程详解[M]. 上海：东华大学出版社，2014.

[11] 袁利，赵明东. 打破思维的界限——服装设计的创新与表现[M]. 北京.中国纺织出版社，2005.

[12] 刘瑞璞. 服装纸样设计原理与应用——女装篇[M]. 北京：中国纺织出版社，2006.

[13] 凌雅丽. 服饰创意——制作篇[M]. 上海：上海书店出版社，2006.

[14] 戴鸿. 服装号型标准及其应用[M]. 3版. 北京：中国纺织出版社，2009.

[15] 张文斌. 服装工艺学（结构设计分册）[M]. 3版. 北京：中国纺织出版社，2001.

[16] 徐静，等. 服装缝制工艺[M]. 上海：东华大学出版社，2010.

[17] 卓开霞. 女时装设计与技术[M]. 上海：东华大学出版社，2008.